農家と農業

お米と野菜の秘密

板垣啓四郎・監修
Keishiro Itagaki

JIPPI Compact

実業之日本社

はじめに

私たちの命と日々の暮らしを紡ぐうえで、決して欠かせない食。これまで何一つ不自由さを感じたことはないことでしょう。むしろ存在そのものさえ、当たり前過ぎて忘れてしまいそうです。食の安全性とか食と健康、あるいはグルメについて考えないかぎり、日ごろ意識に上ることはほとんどないことと思います。

ところが、食を育んでいる農業、そして農業が営々と行われる場としての農村にまで思いを馳せると、食と農を結ぶラインがにわかに浮かび上がってきます。ご存知のように、農業と農村は、いま大きな岐路に立たされています。高齢化による農業担い手の弱体化、蔓延する耕作放棄地、農業収益力の低下など、農業を取り巻く環境がきびしいところに加えて、ＴＰＰの大筋合意により、農業は一段と苦しい状況に追い込まれたように感じられます。政府の進める地方創生の柱の一つには、農業の構造転換と所得向上が高らかに謳われているはずです。農業と農村は、今後どのような方向へ進んでいくのでしょうか？　いささか暗澹《あんたん》たる気持ちになります。

他方で、新しい農業・農村の芽吹きも感じられます。ＩＴを駆使した農業の技術革新が起こりはじめ、企業形態に基づく経営革新や組織革新といったイノベーションの波がおし寄せてきています。この波に引き寄せられるように若い農業の担い手が少しずつ増えはじめてきました。農村でも豊かな地域資源や斬新なアイデアを活用したセンスのよい地域づくりが、あちこちで見られるようになりました。このままでは行き詰まりそうな農業・農村と新しくイノベーティブな農業・農村が混在しながらも、少しずつ新しい方向へと脱却し、転換していきそうにも見受けられます。農業・農村の新しい胎動が始まったといえるかもしれません。

本書は、食と流通および農業と農村の変化、農業が育む文化、農政の動き、食と農のグローバル化、就農への道など様々な切り口から、食と農を多面的に捉え、このことを考える素材とヒントを提供できることを期待して書かれたものです。この本を手にした読者が、食と農に思いを深めていただける機会になれば望外の幸せです。

板垣啓四郎

【目次】

第一章 毎日食べている米、野菜、果実の不思議

第二章　農産物が私たちの口に入るまで

第三章　米、野菜、果実を栽培する、農業の現場

第四章　日本の農業をとりまく環境と未来

第五章　今後ますます期待される、世界における日本の農業

第六章　農業を仕事にする

カバーデザイン・イラスト／杉本欣右
カバー写真：kazuki atsuko・YNS・まちゃー、チルド／PIXTA
本文レイアウト・DTP／オノ・エーワン
制作／オメガ社
原稿執筆／山葵夕子・勝木美枝・オメガ社
企画・進行／磯部祥行（実業之日本社）

第一章
毎日食べている米、野菜、果実の不思議

スーパーマーケットの売り場はなぜ野菜からはじまるの？

スーパーマーケットは、私たちの食生活を支えるうえで欠かせない存在だ。イオン、ライフ、イトーヨーカドーといった日用品まで揃う大型の総合スーパーから、食材を中心に扱う中小規模店まで含むと、全国には一体どれくらいのスーパーマーケットがあるのだろうか？

オール日本スーパーマーケット協会、日本スーパーマーケット協会、一般社団法人新日本スーパーマーケット協会の流通3団体が２０１０年より実施している「スーパーマーケット統計調査」によると、２０１５年10月現在、その数は全国で約2万15店舗。うち食品を中心に扱う店舗は1万８１６２店舗にのぼり、全体の9割以上を占めている。日本の人口が約1億２７００万であるから、約６３５０人に1店もの割合でスーパーマーケットがあるという計算だ。コンビニエンスストアの店舗数が5万２８７２店（２０１５年7月）ということから考えても、意外と多いという印象ではないだろうか。

スーパーマーケットがいかに生活に密着しているかを示すのは、こうした数字だけではない。**私たちは、たとえば、見知らぬスーパーに立ち寄っても、欲しい商品がどのあたりに置いてあるのか、だいたい予測することができる。**どの店も店内を周回するように、野菜は入り口付近、次に魚介類、肉類、乳製品、お惣菜と続き、生鮮食品以外の加工食品、調味料、酒、お菓子は店の中央に並列の棚で配置され、米はレジ付近といったレイアウトになっているからだ。海外でも似たような配置で商品が陳列されている。**これにはちゃんと、消費者の行動心理に基づいた理由がある。**

まず、**生鮮食品が並ぶ周回ルートは、反時計回りになるよう構成されている。**たいていの人は右利きなのでこの方が購買意欲が高まるのだ。店内に窓や時計がほとんどないのは、時間の感覚を麻痺させて多くの物を買わせるためである。魚介類、肉類といった食事のメインとなる商品を周回ルートの真ん中に配置することで、店内を漏れなく周回させる工夫も凝らしている。お惣菜は売り切る必要があるが、入り口付近でカゴに入れてしまうと、その後ほかの食材を買わなくなるので、ルートのいちばん最後に陳列される。

ではなぜ、野菜、果実は入り口付近なのか？　まず、野菜、果実の鮮やかな色が店内を明るくするという効果がある。そして、季節・旬を反映しやすい青果を最初に置くことによって、店の品揃えや鮮度を効果的にアピールすることも期待できる。スーパーの客寄せの目玉として野菜や果実が一役買っているというわけだ。

「野菜」と「果実」の違いって？農作物の種類にはどんなものがあるの？

野菜と果実（果物）の違いは何か。青果店やスーパーマーケットでは、何となく別々の売り場だが隣りあっている野菜と果実。その明確な分類や定義について、消費者が改めて意識することはほとんどないだろう。

農林水産省によると、生産分野における一般的な定義として、**「1年生および多年生の草本になる実は野菜、永年生の樹木になる実は果物」**としている。つまり、茎が1年から数年で枯れる実は野菜、木になる実は果実というわけだ。たとえば、スイカやメロンはキュウリと同じウリ科であり、イチゴはバラ科の多年生草本なので、生産分野では野菜に分類される。だがこれらは、一般的にデザートとして消費されるため、流通・消費分野においては果実に分類されている。また、農林水産省では、生産や出荷の統計をとるために、スイカ、メロン、イチゴについては果樹（果実）に分類したうえで、**「果実的野菜」**という究極の名目を立てて扱っている。このように、生産・流通・消費など分野によって分類が異なるものもあり、野菜と果実の分類には確固たる定義はないのが現状だ。

野菜・果実の様々な分類

植物学的分類　（「科」「属」による分類）	
マメ科	インゲンマメ、ソラマメ、エンドウマメ、など
ウリ科	メロン、スイカ、ゴーヤ、カボチャ、キュウリ、など
ユリ科	アスパラガス、タマネギ、ネギ、ニラ、など
キク科	レタス、ゴボウ、シュンギク、など
アブラナ科	キャベツ、ブロッコリー、ハクサイ、ダイコン、など
セリ科	ニンジン、セロリ、パセリ、など
ナス科	ナス、トマト、ピーマン、ジャガイモ、など
利用分類　（食べる部分による分類）	
果菜	キュウリ、トマト、ピーマン、インゲンマメ、トウモロコシ、ゴマ、スイカ、イチゴ、など
葉菜	キャベツ、ハクサイ、アスパラガス、ミズナ、セロリ、ホウレンソウ、ネギ、など
根菜	ダイコン、カブ、ニンジン、ジャガイモ、など

さて、農産物とは農業によって生産されるものを指すが、具体的には、野菜、果実、米や穀類、そのほかに、花、菌茸類、お茶などがある。また、畜産物も農産物の一つである。

では、そもそも「農業」とは何か。総務省「日本標準産業分類」によると、土地を耕し食物や加工用植物、花などの栽培を行う「耕種農業」、乳や食用、実験または愛玩用での提供を目的とした動物や昆虫類などを繁殖・飼育・出荷する業務と養蚕業などの「畜産農業」、耕種農業や畜産農業の一部を請け負う「農業サービス業」、造園や植木業などの「園芸サービス業」のことを農業と定義している。

トマトを観賞していた江戸時代 なじみのあの野菜も海外からやって来た！

現在、日本国内で栽培されている野菜は、約30科150種類程度とされているが、このうち、ルーツが純日本原産か日本が原産国の一つである野菜は何種類くらいあるだろうか？　その種類は、ウド・オカヒジキ・フキ・ミツバ・山ゴボウ・サンショウ・ジュンサイ・セリ・ミョウガ・ワサビ・ジネンジョなどわずか30種類に満たない。しかも、ご覧のように、香辛野菜など薬味や添え物のような脇役ばかりで、食卓のメインとして慣れ親しむような野菜は皆無である。

日本の食文化に深く根づいている野菜をはじめ、地方の伝統野菜なども、古代から現代まで時代の差はあるが、そのほとんどが外国から伝来した「輸入野菜」なのである。一般的な野菜の伝来を時代ごとにみてみると（伝来の時代や経緯には諸説あるが）、縄文時代から古墳時代には、コンニャクイモ、サトイモ、カブ、ショウガ、レンコン、ダイコンなどがすでに伝わっていた。また蘇我氏が勢力を伸ばした6世紀頃から平安中期には、長ネギ、ナス、ニンニク、ゴボウ、キュウリなどが伝来した。平安時代後期から豊臣秀吉が天下統一した1590年頃は、ニホンカボチャ、トウガラシ、ジャガイモ、スイカなどが移入した。そして、江戸時代には、ニンジン、ホウレンソウ、タケノコ、エダマメ、サツマイモ、インゲン、トマト、タマネギ、アスパラガス、キャベツなどが入ってきた。これらは主に、遣唐使や遣隋使をはじめとする中国や朝鮮半島の渡来人、オランダ船やポルトガル船などの来航によって持ち込まれた。

明治以降は、開国によってアメリカをはじめとする各国から、パイナップルやハクサイ、ブロッコリーなど多くの野菜が持ち込まれた。伝来した野菜は各地で栽培され、気候に適応できた品種のみが残り、改良を重ねながら長い時間をかけて地域に定着した。そしてなかには、時代背景によってその扱いが大きく変化した野菜もある。

トマトは観賞用に輸入された!

トマトは江戸時代初期に観賞用として伝わった。文献としては、徳川家綱のおかかえ絵師・狩野探幽《かのうたんゆう》がトマトを描いた「唐なすび」(1668年)のスケッチなどが残っている。

明治時代には食用になったが、とても青臭く、赤い実も食すには敬遠され、まったく普及しなかった。1903年(明治36年)にはケチャップ製造のカゴメ株式会社の創業者・蟹江一太郎が日本で初めてトマトソースを販売したが、本格的に普及したのは第二次世界大戦後である。明治以前は、アスパラガス、キャベツ、タマネギなども、観賞用として伝来し珍重されていた。

タマネギ人気のきっかけはコレラの流行だった

タマネギは1770年、南蛮船により長崎に伝わった。観賞用として珍重されたが、食用として利用されるようになったのは明治初期。この頃アメリカ人によって再輸入され、北海道で本格的な栽培がはじまった。タマネギが庶民の生活に爆発的に浸透したきっかけは、当時関西で流行していたコレラにタマネギが効くという噂が流れ、人々がタマネギを買いあさったことがはじまりだといわれている。明治に入ると、アメリカ人やヨーロッパ人によって、新たな農作物や農業技術が移入された。それまで観賞用だった野菜も食用に適した品種が持ち込まれ、観賞用から食用への転換期を迎えた。

江戸時代　武士がキュウリを食べたら切腹？

インド原産のキュウリはシルクロードを渡って、平安時代にはすでに日本で栽培されていた。歴史の古いキュウリだが、一般に普及したのは江戸時代後期から明治時代とかなり遅い。その理由は、当時のキュウリが顔をしかめるほど苦かったことが一因とされるが、それだけではなく、別の事情もあった。

江戸時代、輪切りにしたキュウリが徳川家の家紋である「葵の紋」に似ていることから、武士がキュウリを食べることはご法度とされた。徳川家の武士にいたっては、キュウリを食べたら切腹や打ち首になった。「晩酌はちょっと酒にモロキュウ」などとんでもない時代だ。また、京都の八坂神社の紋も同じ理由で、今でも祇園祭ではキュウリを食べない風習が残っている。

ゴボウの根を食べるのは日本人だけ

ゴボウは縄文時代に日本に伝わった最古の野菜の一つだが、その利用方法はあくまでも薬用とされた。日本人が、もともとは食用ではない外来種を、食用へと転化させた野菜はゴボウだけだといわれている。第二次大戦中はアメリカ人捕虜にゴボウを食べさせて、「木の根を食べさせたのは虐待」と訴えられ有罪になったが、実はゴボウを「根菜」と分類するのは日本のみである。西洋人はゴボウの葉をサラダとして食べるし、中国や韓国では根や種子を乾燥させ漢方に利用しているが、根を食べる習慣は、世界でも日本と日本が過去に統治した台湾と朝鮮半島の一部だけだ。ゴボウは古代から日本の食文化にもっとも根ざした野菜といえるだろう。

タマネギは北海道、イチゴは九州……野菜が地域に合わせて発展した理由

北海道から沖縄まで日本各地で収穫された野菜を、今、私たちは実店舗や通信販売でいつでも購入することができる。しかし、冷蔵などの保存技術や輸送システムが整備・発展する以前は、傷みやすい野菜を長距離移動させることは容易ではなく、限られた地域のなかだけで流通していた。だが、たとえばタマネギは北海道が出荷シェア約57パーセント（農林水産省、２０１３年）を占めるが、昔は関西や九州では特別な食材だったのかといえば、そうでもない。出荷量では大きく差があるものの、北海道に続いて二位は佐賀県（16パーセント）、三位が兵庫県（８パーセント）と続く。

このように、同じ品目なのに、気候が大きく違う地域でも生産されている野菜は少なくない。そこには、伝来のルートと長い時間かけて各地の風土で発展してきた野菜の歴史がある。

今、日本で生産されている野菜の約８割は海外から移入されたもので、持ち込まれた土地とそこから苗や種などが持ち運ばれた地域で栽培がはじまった。気候風土に合った野菜

は根をはり、合わなかったものは消えていった。生き残った野菜は、品種改良や交配、季節の調整など試行錯誤を繰り返し、やがてその土地の代表的な生産品となった。こうして、私たちが毎日のように口にしている野菜は外国からの伝来ではあるが、各栽培地が「二次原産地」となっていった種も多い。

なかでも、タマネギは北海道、サツマイモは埼玉、キュウリやイチゴは九州地方など、特に発展した地域が「名産地」として全国的に広く認知され、長距離輸送が可能になるとシェアを広げていった。

これが、もっと狭小な地域で発展したものが「伝統野菜」である。たとえばダイコンは「三浦ダイコン」(神奈川県三浦市)や「練馬大根」(東京都練馬区)、加賀野菜の「源助だいこん」など細かくは60種類前後もの品種があるといわれる。しかし皮肉なことに、伝統野菜は特色が強く、栽培環境がとても狭い地域に限定されているため、保存技術や輸送システムが発展し、一般的な品種が手に入りやすくなると衰退していった。

また、限られた地域で生産され供給も不安定だった昔、行商人が歩いて運べる範囲もしれているため、野菜は嗜好品だった。農家はダイコンやカボチャ、イモを食べ、コマツナやニンジンなどの野菜はあくまでも売り物として栽培していた。江戸時代の武士は野菜代を節約するために家庭菜園でまかなっていたともいわれる。

給食やレストランでも食べられる盛り上がる「地産地消」と「伝統野菜」

「地産地消」とは、「その土地で生産されたものをその土地で消費する」ことをいう。近年、消費者の農産物に対する安全・安心志向が高まり、町おこしの一環として地産地消を掲げる市町村が増えている。

地産地消の大きな**メリットとして、消費者と生産者の距離を縮められる**ことが挙げられる。消費者は生産者の顔が見えることから安心感を得られ、一方の生産者は、消費者のニーズを聞くことができる。熟してから収穫され、すぐ私たちの口に入るので地場産野菜は、より栄養価が高く、新鮮だ。流通費が節減され、直売・直買が可能であるため、規格外の野菜を安価で手に入れられ、消費者の財布にもやさしい。

デメリットとしては、地産地消を「地元産農産物だけを消費する」と誤解した場合、流通が滞って他地域の生産物が入手しづらくなることだ。広大な大地で大量生産され、安価に手に入るものでも、地産地消にこだわりすぎては高価格でしか手に入らなくなる。

地産地消ブームが派生して、絶滅寸前だった「伝統野菜」も再び注目されるようになった。使用する食材に、地元鎌倉の季節ごとの鎌倉野菜を取り入れることもあるという「鉢の木新館」と「鉢の木カフェ」、江戸東京野菜を使ったナチュラルフレンチ「ミクニ マルノウチ」などの店では、素朴で力強い味わいや、美しい見た目が楽しめる料理を提供している。

また、地産地消は、現在、農林水産省の後押しもあり、全国各地の学校給食においても「食育」の一環として浸透している。子どもたちは毎日の食を通じて、自然と環境意識を育んでいる。新潟県村上市は、野菜ソムリエの木村正晃氏が考案した給食メニュー、「椎茸ときのこのマカロニ」「秋刀魚とかきのもと（食用菊）のマリネ」などのレシピを公式ページに掲載。今まで苦手だったブロッコリーをフライにすることで食べられるようになったと喜ぶ児童の声や見たことのない食材に興味をもつ児童の様子を報告している。北海道帯広市の学校給食では、２００６年から十勝産の小麦粉を１００パーセント使用したパンを、米飯もまた道産米を使用。ニンジン、タマネギ、カボチャなど、できるだけ、市内の生産者がつくった有機・特別栽培農産物を提供している。

２０１２年の学校給食における地元産野菜の導入率は58・８パーセントと高く、２０１９年には70パーセントにまで上げることを目標としている。低下し続けている日本の食料自給率を上げるには、こうした草の根からの取り組みがいずれ芽を出すことになるだろう。

南魚沼産コシヒカリ、下仁田ネギ、安納芋
消費者のブランド志向と「地域特産物」

旅先でその地域ならではの特産物を目にしたとたん、つい手が伸びた経験は誰しもあるだろう。気候や風土を活かし、生産地や生産者を打ち出した地域特産物の中には、地域の〝顔〟としてブランド化されたものがある。ブランド化された野菜は、形や色がユニークなものが多く、市場にほとんど出回らず希少性があって人気が高い。

たとえば、１００年前から大阪で栽培され、苗や種子の来歴が明らかな独自の品目・品種のみを栽培している「なにわの伝統野菜」には、三島独活《うど》や天王寺蕪《かぶ》などの、17品目が認定されている。

江戸時代に江戸やその近郊の野菜づくりが盛んな地域で改良された30種の野菜を栽培する「江戸東京野菜」は、練馬大根や亀戸大根など、耕土が深く水はけのよい関東ロームの土壌であったことから根菜類が充実している。

そのほか、農薬の使用基準などの条件を満たしたものだけを認証する「佐渡コシヒカリ」、香川県で生産された農産物や農産加工品の中から、特に選りすぐったものを、かがわ農産物流通消費推進協議会が認証する「K・ブランド」など、その多くは健康ブームのなか、町おこし・村おこしの意味も込めて、自治体がはじめたものだ。

他店と差別化をはかるために、こうした希少価値の高いブランド化された野菜を契約農家から直接仕入れている飲食店も年々増えており、そうした店舗では野菜の名前を前面に出したメニューが数多く並んでいる。

一方で、それらしいブランド名がついていれば、信用してしまう消費者の傾向も強く、模倣品が市場に出やすいのが悩みの種だ。

そこで特許庁では、**地域ブランドを適切に保護する目的で、「地域団体商標制度」を設けている**。地域団体商標制度は、〝地域の名称〟と〝商品（サービス）の名称〟などからなる商標について、地域に根ざした団体とその構成員に商標を使用させる制度であり、一定の範囲で広く知られていると認められたとき、地域団体商標として商標登録を受けることができると定義づけられている。

地域団体商標の権利者となることができる団体は、事業協同組合などの特別の法律により設定された組合、商工会、商工会議所、NPO法人、上記に相当する外国の法人だ。商標権を取得すれば、日本全国で商標の使用を独占、他人による商標の使用を排除でき、半永久的に権利を更新できる。それにより、模倣品を減らす効果やPR効果が期待でき、かつ構成員のモチベーションアップにつなげることができる。

「安ければいい」という消費者がいる一方で、食品の安全性を求めて品質やブランドを重視する「こだわり志向」の消費者の心をつかんだブランド野菜。そうした野菜は近年、インターネットなどを通して売られ、特定の地域だけに限らず全国にＰＲすることが可能となった。

インターネット通販最大手の楽天では、ブランドの野菜と果物の取り寄せ専門ページを開設しており、47都道府県すべての野菜を産地から検索できるようになっている。その一方で、安直にブランド化すれば、品質や安全性、供給の安定に手厳しい消費者から批判を受けやすく、安易な参入はかえって信頼を失うことにもなりかねない。

さまざまな地域のブランド野菜

大阪府の「なにわの伝統野菜」認証制度（17種）		
天王寺蕪	大阪市	大阪市の天王寺付近が発祥地。与謝蕪村の歌に「名物や蕪の中の天王寺」と詠まれている
勝間南京	大阪市	江戸時代末期より、勝間村（現在の大阪市西成区玉出町）の特産品。明治時代に西洋カボチャが普及し、一時栽培が途絶えていたが、2000年に和歌山市の農家で偶然種子が発見されたことによって復活
泉州黄玉葱	岸和田市、貝塚市、泉佐野市、泉南町、田尻町	泉南地域で明治時代に選抜された黄色タマネギ。代表的な品種は、「今井早生(いまいわせ)」や「貝塚極早生(かいづかごくわせ)」
（社）とちぎ農産物マーケティング協会の「とちぎ地域ブランド」認証制度（31種）		
からすだいこん	南那須	色の黒いダイコン。切ると白くて、ピリッと辛い味が特徴。加熱すると甘みが増す。薬味やソテーにぴったり
大田原とうがらし	那須	大田原市で栽培されたのがはじまり。昭和30年頃、関係者の努力で「栃木改良三鷹」が育成され、生産が拡大。トウガラシの国内有数の産地となった
中山かぼちゃ	南那須	昭和30年頃から那須烏山市中山地区で、おいしいカボチャとしてつくられてきた在来種。部会で管理し、種子は門外不出となっている
（社）京のふるさと産品価格流通安定協会の「京のブランド産品」認証制度（28種）		
聖護院かぶ	京都市・亀岡市	起源は享保年間（1716～36年）にさかのぼる。京漬物の「千枚漬け」の材料として有名な冬の味覚
賀茂なす	亀岡市、京丹後市、綾部市	江戸時代に洛東河原（左京区）の丸いナスを上賀茂の人たちが育てたのが起源。大型で丸く、田楽などに適する
九条ねぎ	京都市、南丹市、京丹後市	京都のネギ栽培は約1300年前にさかのぼる。古くから京都市南区九条あたりで栽培がおこなわれ、日本の葉ネギ（青ネギ）の代表となった品種
ＪＡ東京グループの「江戸東京野菜」認証制度（42種）		
東京ウド	武蔵野市	幕末に吉祥寺でウド栽培がはじまり、その後北多摩地域はウドの産地となった。1955年に実用新案が申請されたウドの軟化法により、軟化ウドが高級食材となる。武蔵野市境の玉川上水には1965年に「うど橋」が架かり、記念碑も建てられている
奥多摩ワサビ	西東京市	多摩川の清流と冷涼な気候に恵まれた奥多摩では、ワサビの栽培が盛んに行われた。文政6（1823）年にはすでに「武蔵名勝図会」にワサビが名産として認められ、江戸神田へ出荷されていたという記述がある。江戸前の寿司が考案された頃と時代が重なる
練馬ダイコン	京都市、南丹市、京丹後市	尾張と練馬のダイコンの交配から改良され、享保年間(1716～36）には「練馬大根」として定着。日露戦争時にはたくあんの需要が高まり、大量生産され、昭和以降は連作障害などで生産量が減っていたが、最近は見直されて復活の兆し

米を主食にしている国はたくさんある
世界の米事情と日本の米事情

日本人の食生活には欠かせない米。初夏に梅雨があり、夏には熱帯と変わらないほど高い気温になる日本の気候は、稲の栽培に適している。米は長い間保存することができるので、収穫が少ないときも保存したものを食べられるというメリットがあり、世界的にみても半数の人口が米を主食にしている。

米の生産量が多い国は、中国が年間2億3611万2200トン、インドが1億5920万トンと群を抜き、次いでインドネシアの7127万9709トン、バングラデシュの5150万トン、ベトナムの4403万9291トンと東南・南アジア諸国が続く。日本はそのなかで10位にランキングしている。

米をその栽培法で分けると、水田に田植えする「水稲《すいとう》」と、畑でも栽培できる「陸稲《おかぼ》」の2種類に分けられる。日本の米は「うるち米」と「もち米」に大別され、でんぷん量で決まるが、水稲はうるち米が多く、普通に炊いてごはんとして食べる。一方の陸稲はもち米で、おかきやせんべいなどに使われることが多い。日本では明確に水稲と陸稲を分けて

世界の米

種類	特徴と生産量	主な産地	食感	調理法
ジャポニカ米（短粒種）	日本で一般的に食べられている米。丸みを帯びた楕円形。世界の米の約２割弱。温暖な地域でよく育つ	日本、朝鮮半島、中国東北部、欧州の一部	炊くと柔らかく、つやが出る。粘り気があり、もちもちとした食感。甘みがある	おにぎり、寿司、弁当
インディカ米（長粒種）	世界の米の約８割。高温多湿でよく育つ	中国東南部、東南アジア、インド、アメリカ大陸	独特のにおいがあり、粘り気はなくパラパラとした食感	ピラフ、炒飯
ジャバニカ米（中粒種）	生産量は少ない。亜熱帯でよく育つ	ジャワ島、インドネシア、イタリア、スペイン、中南米	加熱で粘り気が出るが、インディカ米に近くどちらかといえばパラパラとした食感	パエリア、リゾット

日本の米

種類	でんぷんの成分	見た目	特徴	調理法
うるち米	アミロース20%、アミロペクチン80%	半透明	ふだん食べている米。コシヒカリ、ひとめぼれ、などたくさんの銘柄がある	白米
もち米	アミロース0%、アミロペクチン100%	白く不透明	加熱により粘りの強い食感になる。東南アジア諸国でもつくられている	もち、おこわ、赤飯

いるが、他の国では明確に区分けされていない。

米は全世界で１０００種類以上はあるのではないかといわれている。その多種多様な米は食味や形から３種類に分類できる。日本や朝鮮半島、中国北部で栽培され、炊いたり蒸したりして食べる短粒種・円粒種のジャポニカ米（日本型）、インドからタイ、ベトナム、中国南部にかけてと、アメリカ大陸で栽培され、煮て食べるのが一般的な世界生産の約８割を占める長粒種のインディカ米（インド型）、ジャワ島をはじめとしたインドネシアなどの東南アジア、イタリアやスペインで栽培され、蒸し焼きにして食べる中粒種・半長粒種のジャバニカ米（ジャワ型）だ。

豆腐などの「大豆（遺伝子組み換えでない）」表示からわかること

スーパーへ行くと、豆腐や油揚げ、納豆などのパッケージに「遺伝子組み換え原料不使用」といった表示をみかけることがある。農林水産省によると、現在、日本で安全性が確認され、輸入や流通が認められている遺伝子組み換え農産物は、大豆（枝豆、大豆もやしを含む）、トウモロコシ、ばれいしょ、ナタネ、綿実、アルファルファ、てん菜、パパイヤの七つである。

「遺伝子組み換え」とは、ある生き物から役に立つ性質を決める遺伝子を取り出して、手を加えてから元の生き物に戻し、その遺伝子を別の種類の生き物に組み込む技術のこと。**遺伝子組み換え技術を使って、害虫や除草剤への耐性をもたせたり、実を大きくして味をよくしたりするなどして品種改良した農産物を「遺伝子組み換え農産物」といい、遺伝子組み換え農産物とその加工食品の両方を「遺伝子組み換え食品」という。**

アメリカを中心に、遺伝子組み換え農産物の作出および商品化は進んでいるが、日本では、商品化された遺伝子組み換え農産物はないものの、その研究開発は着々と進められている。こうした背景には、輸入品に対抗して少しでも優位性を発揮できる農産品を開発しなければならないという国際競争にさらされている日本の農業の切実な事情がある。

２０１５年2月に発表された国際アグリバイオ事業団の報告によると、遺伝子組み換え作物の栽培面積は世界の耕地面積の約13パーセントにあたる1億８１５０万ヘクタールに達し、遺伝子組み換え作物の商業栽培が開始された１９９６年当時の１７０万ヘクタールと比べると、約１０７倍に増加した計算だ。

世界的に遺伝子組み換え農産物の生産量が急増するなか、遺伝子組み換え食品に対する消費者の懸念はいまだに根強い。ヨーロッパでは、２０１５年10月に、16カ国がＥＵに対して、遺伝子組み換え農産物禁止の要望書を提出したばかりである。遺伝子組み換え農産物の商業栽培がはじまった１９９６年頃から、日本ではガンや白血病などの慢性疾患との関連性が指摘されるようになり、組み込む遺伝子自体に危険性がなくても、遺伝子組み換え技術自体が不安定であれば、偶発的に危険なものが生まれてしまうかもしれないという消費者の不安から、豆腐や納豆、スナック菓子など、一部の加工品には遺伝子組み換え農産物の使用の有無についての表示が義務づけられるようになった。

しかしながら、醤油や植物油などでは遺伝子組み換え作物が原料として使われていても表示義務はないことなどクリアすべき課題は残り、複雑な表示規定の改正が求められる。

遺伝子組み換え農産物に関する表示と意味

表　示	意　味
・遺伝子組み換え ・遺伝子組み換えのものを分別	遺伝子組み換え農産物を使っている（遺伝子組み換え農産物とそうでない農産物が混ざらないように管理されている）
・大豆（高オレイン酸遺伝子組み換え） ・大豆（高オレイン酸遺伝子組み換えのものを分別 ・大豆（高オレイン酸遺伝子組み換えのものを混合	普通の大豆よりオレイン酸を多く含む「高オレイン酸遺伝子組み換え大豆」を使っている、混ぜている
・遺伝子組み換え不分別	遺伝子組み換え農産物とそうでない農産物を分別せずに使っている
・遺伝子組み換えでない ・遺伝子組み換えでないものを分別 （※この表示はなくてもよい）	遺伝子組み換え農産物と混ざらないように管理された農産物を使っている

遺伝子組み換え農産物の使用について表示されている加工食品

原材料となる農産物	加工食品
大豆	豆腐・油揚げ類／凍豆腐、おから及びゆば／納豆／豆乳類／みそ／大豆煮豆／大豆缶詰・瓶詰／きな粉／大豆いり豆／前述したもの、大豆（調理用）、大豆粉、大豆たん白を主な原材料とするもの
枝豆	枝豆を主な原材料とするもの
大豆もやし	大豆もやしを主な原材料とするもの
トウモロコシ	コーンスナック菓子／コーンスターチ／ポップコーン／冷凍トウモロコシ／トウモロコシ缶詰・瓶詰／前述したもの、コーンフラワー、コーングリッツ（コーンフレークを除く）、トウモロコシ（調理用）を主な原材料とするもの
ばれいしょ	ポテトスナック菓子／乾燥ばれいしょ／冷凍ばれいしょ／ばれいしょでん粉／前述したもの、ばれいしょ（調理用）を主な原材料とするもの
アルファルファ	アルファルファを主な原材料とするもの
てん菜	てん菜（調理用）を主な原材料とするもの
パパイヤ	パパイヤを主な原材料とするもの

（参考：農林水産省）

知っておくと役に立つ農産物の安全表示「有機ＪＡＳ規格」

かつて農産物に使われていた「無農薬」「無化学肥料」「減農薬」「減化学肥料」という表示は、生産者が独自の基準で表示しており、消費者にわかりにくいという理由で現在は禁止されている。それにともない、普及したのが「有機ＪＡＳ規格」だ。

１９９９年７月、有機食品の国際規格として「コーデックス（ＣＯＤＥＸ）食品ガイドライン」が、ＦＡＯ（国際連合食糧農業機関）とＷＨＯ（世界保健機関）により設置された国際間政府機関であるコーデックス委員会にて採択された。これにより、消費者、生産者の双方から、有機食品についての第三者機関による認証とその表示の適正化を図る仕組みが全世界で整備される運びとなった。

これを受けて日本政府は、戦後の物資不足や模造食品の横行による健康被害が頻発していた１９５０年に、食品の品質改善や取引の公正化を目的として公布された「農林物資の規格化等に関する法律（ＪＡＳ法）」を大きく改正。２０００年に、有機質肥料を使用しているだけで「有機栽培」と表示するケースや有機的に栽培された原料を使っていても、

食品のいろんなマーク

マーク	意味	マーク	意味
JASマーク	成分、食味、香り、色などの品質について、定められた規格を満たす食品	特定保健用食品	「血圧を正常に保つことを助ける」など、健康への作用を持つ成分を含み、有効性や安全性が科学的に証明されていることを国が認めている食品
特定ＪＡＳマーク	「一定期間以上熟成させたハム」など、特別なつくり方や育て方（畜産）の規格を満たす食品	条件付特定保健用食品	健康への有効性がある程度立証されている食品
有機ＪＡＳマーク	規格を満たす、有機農産物、有機畜産物、有機加工食品	特別用途食品	乳幼児の発育、妊娠中、授乳中、高齢、病気の人の健康保持や回復に適していると国が認める食品
生産情報公表ＪＡＳマーク	ウェブや店頭などで生産情報を見ることができる農産物、畜産物、加工食品		

（参考：農林水産省）

その後の加工・流通の詳細が不明なまま「有機」として販売するケースなどを改善すべく、有機ＪＡＳ規格を制定し、検査認証制度も整備した。２００１年からは有機ＪＡＳ制度を正式に発足している。

太陽と雲と植物をイメージした有機ＪＡＳマークは、有機ＪＡＳ規格に適合した生産が行われていると登録認定機関に認定された事業者だけが使用できる。化学物質に頼らず、自然界の力で生産された食品を表している。農産物や加工食品以外にも、飼料および畜産物にも与えられる。マークの下には、農林水産大臣に登録されている登録認定機関名が表示される。認証を受けずに「有機」「オーガニック」と表示することができないなど強制力をもつ。

安全で味がいい？「有機野菜」はどんな野菜？

「有機野菜」と聞くと、何となく安全・安心で、栄養価が高い野菜をイメージする人が多いのではないだろうか。しかし、この「有機」という定義、広く認知されているわりには、実態がよく理解されていないのが現状だろう。

一般に、有機野菜とは、農林水産省が制定した「有機ＪＡＳ規格」に適合する生産条件のもとでつくられ、登録認定機関にその適合性が認められた野菜を指す。

２００６年に制定された「有機農業の推進に関する法律（有機農業推進法）」によると、**有機農業とは「①化学的に合成された肥料・農薬を使わない、②遺伝子組み換え技術を利用しないことを基本に、環境への負荷を減らす生産方法で行われる農業」**をいう。

高級志向が高まった１９８０年代に偽有機ブランドなどが横行したため、１９９２年に「有機農産物等特別表示ガイドライン」が制定されたが、これには強制力がなかった。その後、前述のように２０００年に国際規格に準拠した「有機ＪＡＳ規格」（35ページ）が制定され、有機農産物の表示について基準が正式に設けられた。

しかし、有機ＪＡＳ規格の厳格さゆえ、課題も多い。まず、この認定を取得するためには、生産者は過去3年間の記録を様々な面で作成しなければならない。認定費用以外にも、検査員の交通費や宿泊費なども実費で負担しなければならないケースもある。また、種子も有機生産のものでなければならず、周囲の田畑から農薬などの飛来・流出があってはならないなど規定が細かい。耕地面積の狭い日本では現状に合わない厳しい表示制度を先に定めてしまったため、国内で有機農業が広がりにくくなった。また、化学肥料や農薬の使用を地域の慣行レベルより回数や量を50パーセント以下に減らした「特別栽培農産物」や、化学肥料・農薬を一般的に行われる栽培法より20～30パーセント減らして農産物を栽培する「エコファーマー」など類似の認定が増えたことで、有機ＪＡＳに認定を受けるメリットが薄れている。

２０１０年時点で、有機農家数は1万2千戸、農作物栽培面積の０・４パーセントにとどまっている。ＩＦＯＡＭ（国際有機農業運動連盟）の２０１１年の報告によると、イタリア８・６パーセント、ドイツ６・１パーセント、イギリス４パーセントで、日本はＥＵ諸国と比べると見劣りする。おおむね２０１８年までにこの割合を1パーセントまで引き上げる新たな基本方針を農林水産省は２０１５年4月に発表したばかりだが、苦戦する国内有機農業の普及・拡大に向けて有機ＪＡＳ規格の挽回なるか？

野菜の過剰包装から見えてくる環境問題

ゴミ大国として知られる日本。世界で焼却されるゴミの5分の1は日本で焼却されるといわれている。その大きな要因になっているのが、食品や農産物を購入する際に必ずついてくる包装袋、容器、レジ袋などの過剰包装や残飯だ。一方、環境意識の進んでいる**欧米諸国では野菜の量り売りや裸売りが一般的**。日本は「ゴミの分別」意識はあるものの、「ゴミを出さない」意識では、世界から一歩も二歩も遅れをとっている。

2008年度のOECD（経済協力開発機構）の報告によると、焼却炉の数は、日本が1243、アメリカが351、フランスが188、ドイツが154でダントツだ。日本では1人あたり1キログラムのゴミを毎日出し続け、年間で1家族あたり1〜2トンのゴミが出ている。日本のゴミ焼却量は、ヨーロッパの環境先進国の10倍以上で、ダイオキシンの排出量も世界一である。

また、農林水産省の調査（2013年）によると、日本では国内の食用仕向量の2割にあたる1700万トンを廃棄している。1072万トンは家庭から捨てられ、全体の廃棄物のうち食べられる部分、いわゆる「食品ロス」は５００〜８００万トンもある。８００万トンは米の年間収穫量に匹敵し、一説によると家庭から出る残飯の総額は、年間で11兆円ともいわれる。これは日本の農水産業の生産額とほぼ同額だ。さらにその処理費用で２兆円を使っており、日本は世界一、二位を争う残飯大国でもある。

現在、日本で行われている環境対策は、容器包装のリサイクルがメインだが、日本のリサイクル法には、企業や市民の責任が含まれていないため、一向にゴミが減らないのが現状である。一方、環境先進国のヨーロッパでは、「４R」と呼ばれる「REFUSE（やめる）、REDUCE（減らす）、REUSE（再使用）、RECYCLE（再利用）」がゴミ処理の原則とされており、ゴミを大幅に削減することに成功している。ゴミを企業責任、市民責任と定義づける法の下では、ゴミの量によって処理代を払わなくてはならず、ゆえに市民がゴミになるものを持ち帰らず、買わなくなっている。こうした事情から、ヨーロッパでは野菜は必要な分だけバラ売りが普通で、ビニール袋も割高のため、スーパーなどへは買い物袋を持っていくのが当たり前となっている。

日本の野菜の過剰包装は、カスタマーサービスを重んじる風習と、見た目のよさを考えてのことだが、深刻化する地球環境を考えるなら、私たちも４Rを意識したゴミ対策を優先すべきだろう。

「食の外部化」と「中食」市場

家でかつお節を削り、ぬか床を混ぜ、魚をおろすといった光景も、今は昔となりつつある。スーパーマーケットに行けば、削ってパックに詰めたかつお節が売っているし、そもそもかつお節からだしを取らなくても、粉末や液体に加工された便利なだしが揃っている。漬け物もメーカーがつくったものが豊富に置いてあるし、魚もすでにおろしたものが手に入る。

女性の社会進出や単身世帯の増加、人口の高齢化で、食生活やライフスタイルに対する意識は多様化し、かつては家庭内で行われていた調理や食事を家庭外に依存するケースが増えてきた。家に包丁が一本もない、コンロはなく電子レンジしかない、といった話も、夜遅くまで働いて、最寄りのスーパーマーケットで惣菜を買って帰るような単身者の生活を想像してみれば、そう極端な事例ではないのである。こうした食の拠り所の変化を「食の外部化」という。

近年、食の外部化の傾向が表れているのが中食産業の発展である。「中食」とは、家に持ち帰って食べる惣菜や弁当といった調理済みの食品を指す。食材を家庭内で調理して食べることに対して、レストランや定食屋など家の外で料理人が調理したものを食べることを「外食」と呼ぶが、その両者の間にある行為として「中食」という用語が使われる。働く女性やコンビニエンスストアが定着した1980年代頃から使われはじめた用語だという。

外食産業は高度経済成長以降急速に発展し、市場規模は1998年の29兆1000億円をピークに、緩やかに減少傾向で推移している。ところが中食産業の市場規模は高度経済成長期からバブル崩壊を経てもなお、今も増加傾向にあり、2011年には５兆8000億円。1985年の１兆1000億円規模からは５倍以上になっている。

業界別でも、中食の存在感がうかがえる。不振にあえぐ百貨店業界は、売上げの３割近くが食料品で、食料品のうち２割以上を惣菜が占める。『惣菜白書』(2014年)によると、「今後欲しい惣菜」について６割以上の消費者が「家庭では作りにくい惣菜」と応えており、百貨店のデパ地下などにはこのニーズに応じていく戦略が期待される。また、惣菜の購買比率が高いものとして、おにぎり、弁当、コロッケがランクインし、コンビニエンスストア各社が、中食の商品開発に力を入れているのもうなずける。

高齢化社会、健康な食生活のために新たな売り方がキーポイントの野菜

食は、量の確保、質の向上の段階を経て、健康の時代に入った。高齢化がますます進み、社会保障の財源がよりいっそう厳しくなるなか、健康を維持するための正しい食のあり方は、消費者自らが考えていかなければならない問題だ。

内閣府の発表によると、2013年10月1日現在、65歳以上の高齢者人口は、過去最高の3150万人となり、総人口に占める割合も25・1パーセントと過去最高となった。社会の高齢化が進むにつれて増えるのが、弁当や惣菜を買って自宅で食べる「中食」の利用頻度だ。

東京農業大学がイトーヨーカドー大井町店で行った調査によると、**中食の利用頻度は年配者ほど高かった**。1週間の購入回数が4回を超えたのは70歳以上だけであり、20歳代と30歳代は3回に達していない。特に女性の場合、70歳以上の中食購入回数は4・2回で、30歳代の2・3回のおよそ2倍だった。

その理由を調べたところ、「火傷をしたり、火事を起こすのが心配」、「足腰が弱ってい

るので、調理作業が重労働に感じられる」という声が多く、「料理を作りたくない」のではなく、「料理を作れない」高齢者の実態が浮き彫りになった。

高齢化社会のなかで国産野菜の利用を拡大するとなれば、生鮮物を消費者に届ける努力を続けると同時に、中食・外食企業や加工食品企業の販売努力をより一層強化することが必要となる。一例として、**独居の高齢者にとって野菜の丸買いはムダになることから、近年コンビニエンスストアのカット野菜の需要が拡大している**。あらかじめ工場で洗浄し、切って売られているため、すぐに食べられたり、料理に使えたりする手軽さが好評だ。

プライベートブランドも増え続け、各社、化学肥料や農薬を使わないなど安全性にも配慮。こうした企業努力により、食べきりサイズ野菜の需要は、今後ますます増えていくものと予測される。

第二章
農産物が私たちの口に入るまで

外食の原材料、国産品の割合は？

外食産業の食材には、安定した量の確保、安定した仕入れ価格、品質の均一化が求められる。そのため、これまでは気象条件によって収穫量が左右され、価格変動が起きやすい国産野菜の使用は避けられてきた。しかし、食品偽装問題などの影響により、食の安全に対する消費者意識がより高まり、近年国産野菜を積極的に使用する大手外食メーカーが増えつつある。２００８年の農林水産省の報告によると、食材費のうち国産品が占める割合はファストフード55パーセント、ファミリーレストラン64パーセント、カジュアルレストラン70パーセント、ディナーレストラン72パーセントである。一般的にコストは高くつくが、景気低迷が続くなか、メニューに食材の産地を表示するなどして国産の安心感を訴えることで、客数減少に歯止めをかける狙いだ。

たとえば、焼鳥をメインとする居酒屋系レストラン「鳥貴族」は、関東エリア店舗で主に深谷ネギを使用。焼き鳥用の特別なネギで、市場に出回るものに比べて一回り小さく、串に刺しやすいのが特徴だ。長崎ちゃんぽん専門店「リンガーハット」では、２００９年

モノよりサービスに対価を払う

　同じ500ミリリットルのペットボトルがスーパーマーケットでは95円、コンビニエンスストアでは137円で売られている、というのはよくあることだ。スーパーでは安く大量に仕入れることができ、客はペットボトル以外の商品を買うことが予想されること、一方でコンビニでは売上が少ない深夜でも光熱費や人件費がかかること、などの要因が、コンビニの割高な価格設定に反映されている。それでも、私たちがコンビニを日常的に利用するのはなぜか？

　売り場面積がスーパーに比べて小さいコンビニは、駅の近くなど、立地面で消費者の同線上にある場合が多い。1日1000人の来客で坪売上は2万～2万5000円。スーパーの成立条件である1坪1万円より高い。約2500種の商品を扱うことが多く、生鮮品よりも弁当やインスタント食品など即食性が高いものや、すぐに必要な雑貨などが揃う。常に温かい状態で提供するからあげなどの商品も即食を狙っており、ほかにも公共料金の支払い、コピーサービス、銀行ＡＴＭと、消費者の「いま必要」のニーズに24時間体制で応えている。私たちは商品そのものの価値だけではなく、店の提供するサービスに対価を支払っているのである。

から、使用する野菜を国産野菜に切り替えた。以前はキヌサヤやニンジンの一部を中国産、コーンはタイ産を使用していたという。カットされたものが袋詰めにされて、毎朝、各店舗に届く仕組みだ。また、めんやギョウザに使う小麦もすべて国産化されている。

　また、輸入食材のイメージが強いハンバーガーチェーンでも、国産野菜の使用が広がっている。「モスバーガー」では、使用される生野菜はすべて国産だ。全国約3000の農家と提携し、産地や生産者がわかる野菜を入荷する。農薬や化学肥料の使用に関しても、産地において環境基準の5割以上の削減を目標に農家と協力して努めている。

食料の自給率が低くても、日本は意外にも農業大国だった！

国内の食料消費が、国産でどの程度まかなえているかを示す指標が「食料自給率」だ。一般に私たちがよく耳にする食料自給率とは、食料全体について共通の「ものさし」で、単位を揃えることによって計算する「総合食料自給率」のことである。**総合食料自給率には、熱量で換算する「カロリーベース」と金額で換算する「生産額ベース」がある。**

２０１４年度の発表によると、日本の食料自給率は、カロリーベースで39パーセント、生産額ベースで64パーセントである。

日本の農業生産額のうち、その割合が大きいのは、大きい順に、畜産物（33パーセント）、野菜（28パーセント）、米（20パーセント）、果実（９パーセント）となっている。**カロリーベースの食料自給率は、米を除く穀物の生産が少ないため、どうしても低くなるが、生産額ベースになると一挙に跳ね上がる。**また、自給率の低い大豆、小麦などはカロリーが高い一方で、自給率の高い野菜はカロリーが低いため、カロリーベースで換算すると異常に自給率が低くなるのだ。

『日本は世界5位の農業大国』の著者・浅川芳裕氏は、こうした観点から、日本の食料自給率は決して低くないと指摘する。そもそもカロリーベースという指標を使っているのは世界で日本だけであり、生産額ベースでみれば、日本の自給率はほかの国に見劣りしない。

日本の農業は世界有数の高い実力をもち、食料の増産に成功している。日本の3分の1が農家世帯であった1960年代に比べて、現在の農家世帯は40万世帯ほど。農家人口は全国民のおよそ100分の1だ。一方、農家の総生産額は、現在、2兆円だった1960年代の4倍に相当する8兆円を超えている、時代による貨幣価値の変化はあるものの、それでも農業の効率は向上しているといえる。農業者は付加価値の高い農畜産物を生産しているのだ。生産額ベースでみると、日本の農業生産額は、2014年度で世界ランキング9位。意外にも農業大国であるといえる。

農林水産省は、最新の「食料・農業・農村基本計画」で、これまでの「食料自給率」に重点をおく農業政策をあらためて、今後は農業生産力を示す「食料自給力」を政策目標にする方針を固めている。農業保護政策をやめる準備といった批判もあるが、TPPを見据え、日本独自のカロリーベースによる換算を、世界基準である生産額ベースの食料自給率にあらためていくことは必要不可欠だろう。

食料自給率の推移

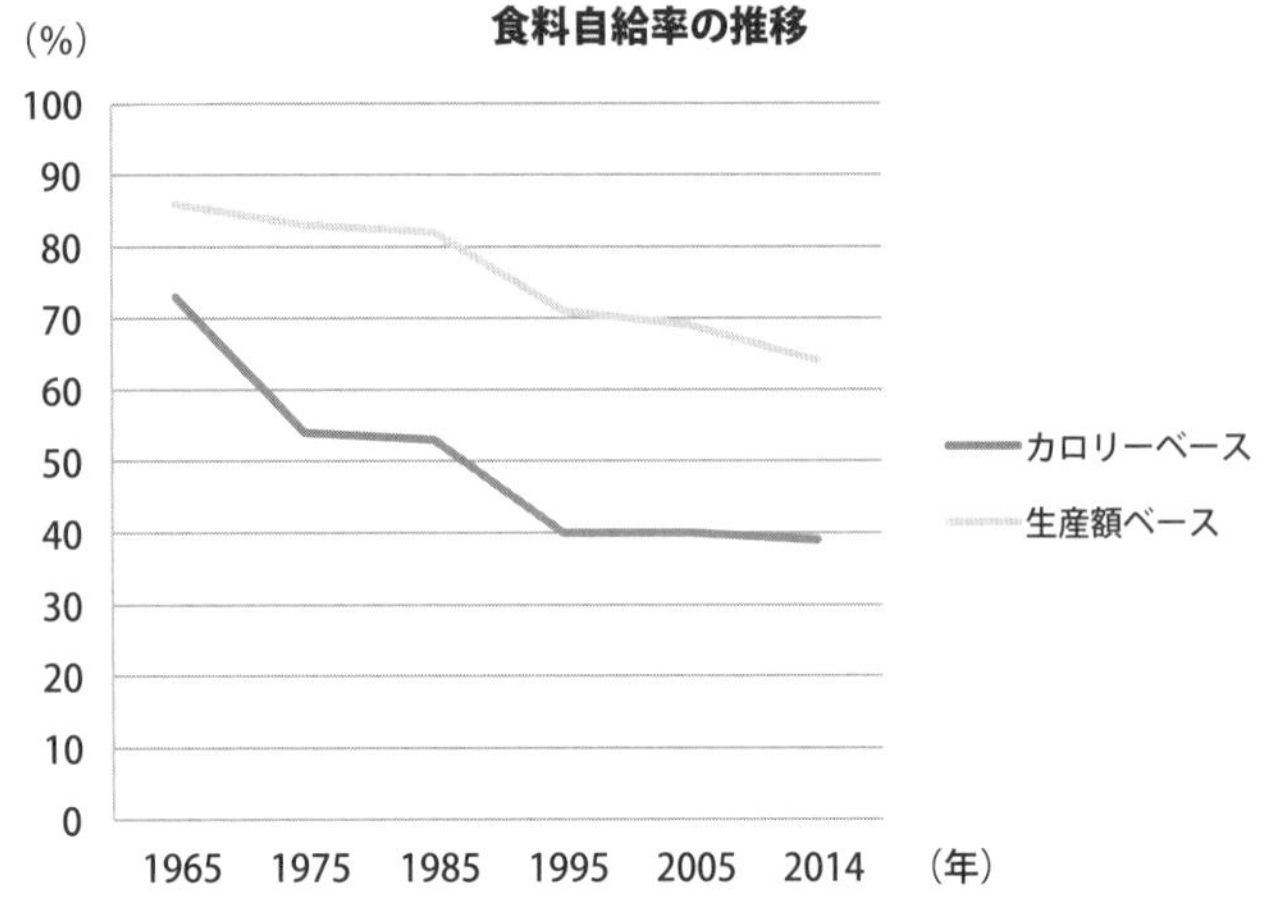

(参考：農林水産省)

野菜の輸入金額国別シェア

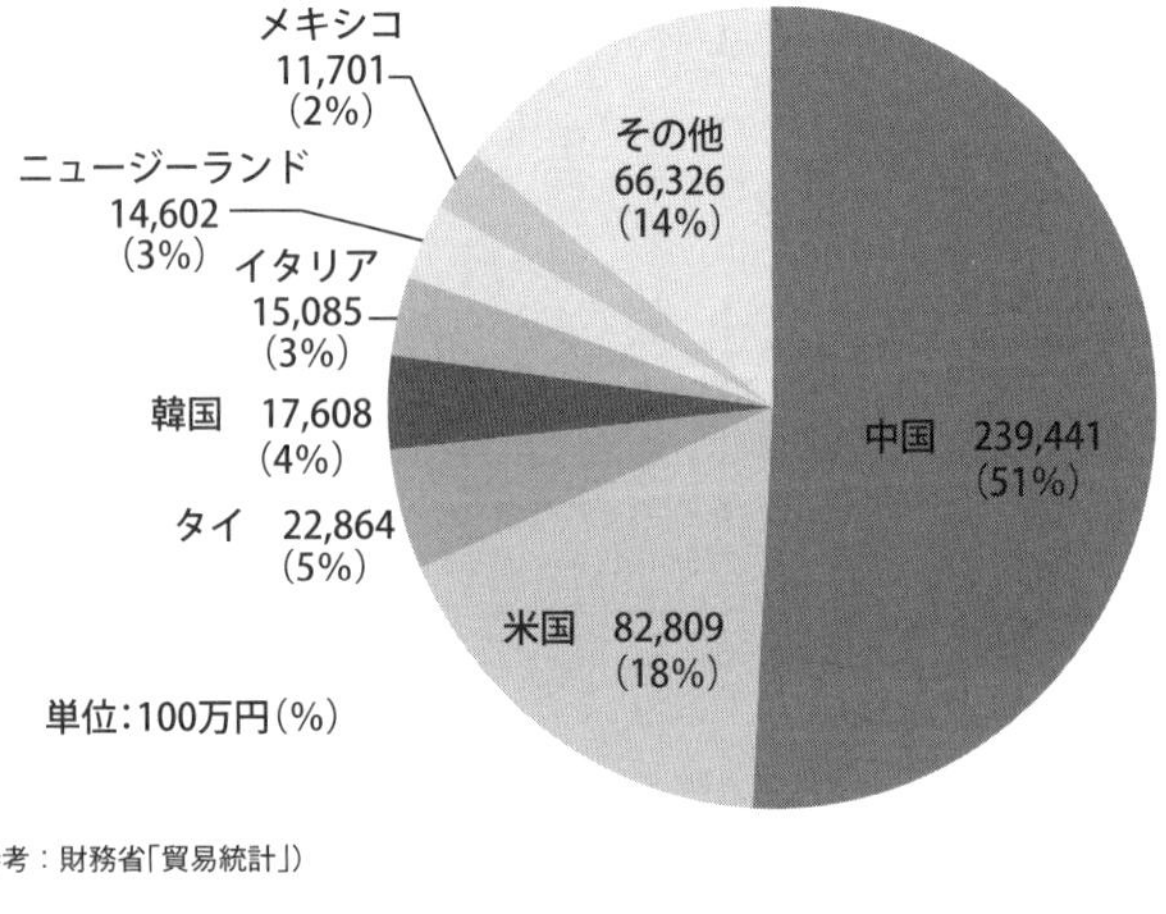

(参考：財務省「貿易統計」)

米の消費量が減りつつある消費量とともに変わってきた農政の歴史

日本の主食である米。稲作の歴史は縄文時代にまでさかのぼり、少なくとも3000年前から日本人は米をつくっていたといわれている。しかし、**戦後に入って、パンやパスタなど小麦粉を使った欧米型の主食が日本でも広まったことから、米の消費量が激減。**それにともない、政府主導の様々な米政策が打ち出されるようになった。

太平洋戦争中の1942年に、不足する食糧を国民に平等に分配する目的で制定された**「食糧管理法」**は、戦後の食糧不足時代が終わっても、米麦生産保護のために続けられた。農家は家族で食べる米を除くすべての米を政府に売り出し、政府はそれを消費者に割り当てて分配。**政府が農家から米を買い取る際の買入価格も、卸売業者に売る際の売渡価格も、消費者が購入する消費者価格もすべて政府が決める直接統制であった。**

その後、日本が高度成長期を迎え、農家所得が都市勤労所得を下回るようになると、その所得格差を縮めるために生産者価格が毎年のように引き上げられるようになった。その結果、1960年から8年間で生産者価格が2倍になったが、消費量は1963年をピークに減少し、米が余りはじめて、政府が巨額の赤字を抱えるようになった。その後1969年には、食糧管理法が改正され、政府米とは別に一定量の米は生産者が自由に流通することができる**自主流通米制度**がスタートした。また、米の需要と供給のバランスをとるために、1971年からは本格的に減反による生産調整がはじまり、大豆や小麦などへの転作が推進されるようになり、今も続いている。

ところが、1993年、約40年ぶりの記録的な冷夏による米の不作で、消費者が米を求めて店の前に長い行列をつくるいわゆる「平成の米騒動」が勃発。政府はGATTウルグアイ・ラウンド農業合意案の受け入れを決め、それまでほとんど行われていなかった米の輸入を受け入れた。そうした流れを汲み、1995年に食糧管理法が廃止。新たに**「食糧法」**が制定され、米の流通のすべてを政府が直接管理するしくみから、間接管理へと転換する大改革が行われた。2004年には、米を政府米とそれ以外の民間流通米に区分する方針を明らかにするとともに、計画流通制度を廃止して、届出のみで自由な売買ができるように、さらに規制を緩和した。**これまで政府主導で行われた生産調整を、農家・農協が主役になって行うシステムへ移行する米政策改革**をスタートさせたのも同年だ。

現在はTPPの大筋合意により、外国産米を年間最大で7万8400トン輸入する無税輸入枠を認めるかどうかへと議論が向かっている。

米の１人あたり消費量（年間）

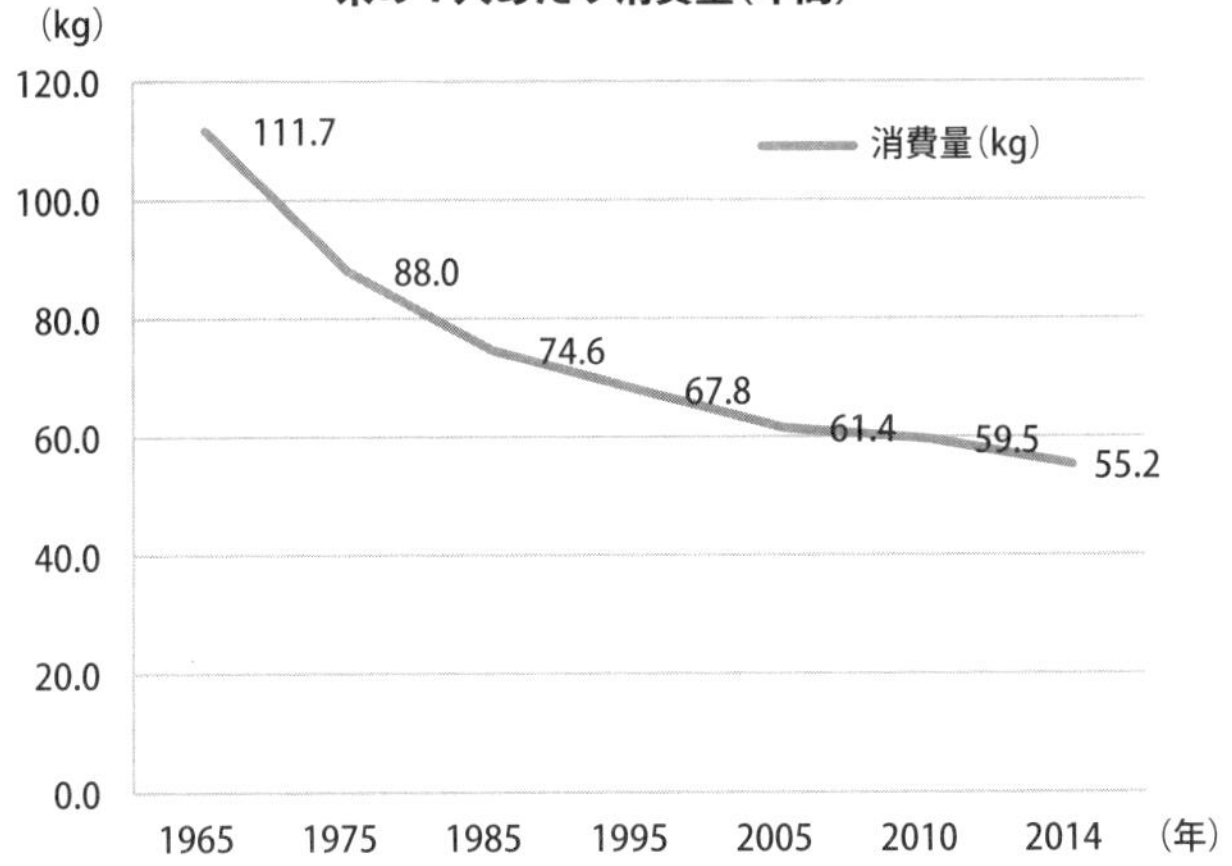

（参考：農林水産省「食料需給表」）

水稲の作付面積と収穫量

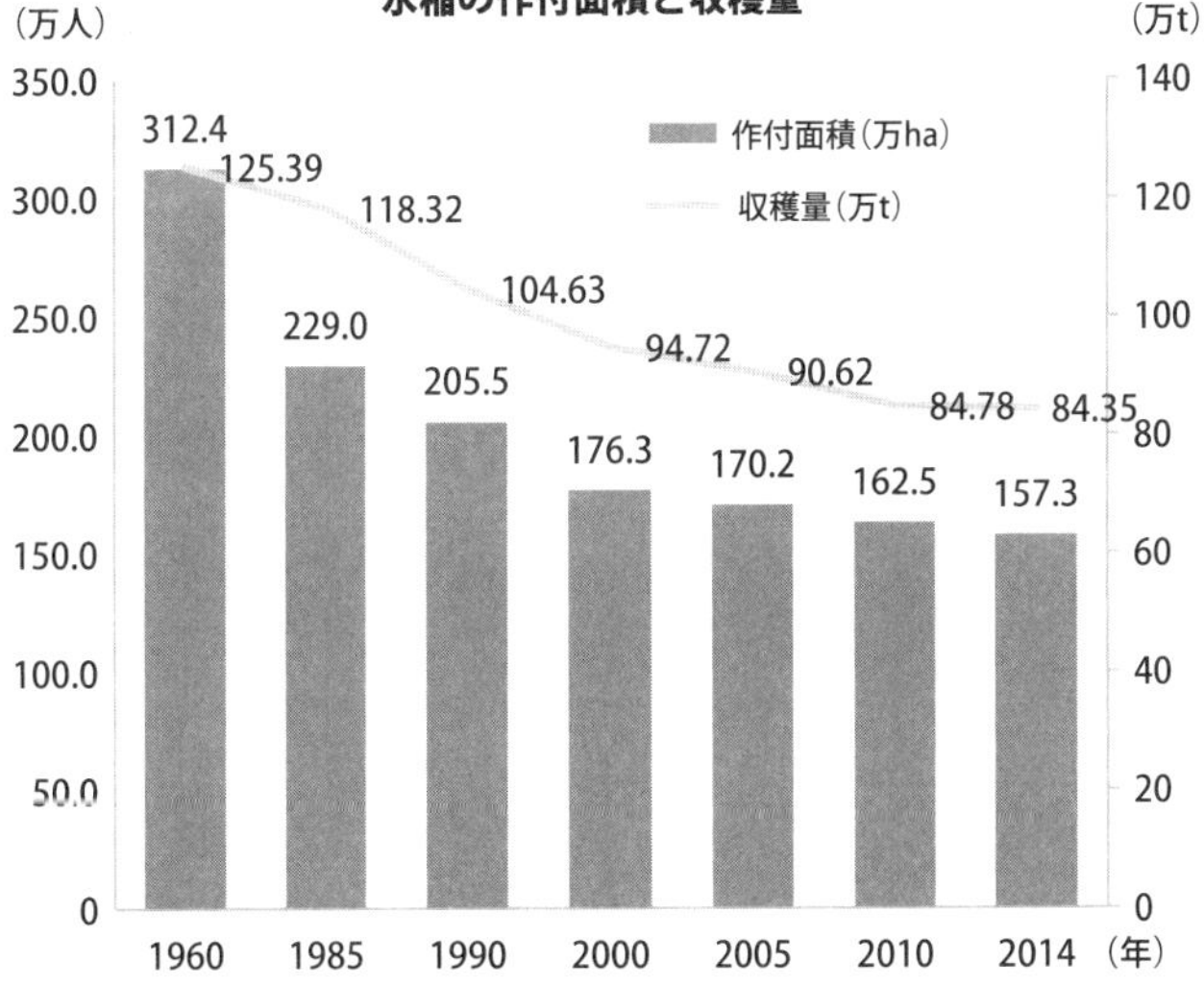

（参考：公益社団法人米穀安定供給確保支援機構「米ネット」）

耕作放棄地の増加は日本の農業の危機につながる?

担い手もおらず、荒れはてた耕作放棄地。地方の山間部では珍しくない光景だ。後継者がいない、農地の受け手がいない、土地条件が悪いなど、耕作放棄地が増え続ける理由は様々だが、その一因となっているのが高齢化と労働力不足である。農産物の価格低迷や収益の上がる農産物がないといった農業経営をめぐる環境の悪化もまた要因になっている。

耕作放棄地は、国の農林業の生産構造などから農林業施策のための統計を作成する5年ごとの調査である「農林業センサス」において「過去1年以上作物を栽培せず、今後数年間は栽培する意思のない耕地」と定義づけられている。1980年代半ばまでは12~13万ヘクタールだったが、2005年には38万6000ヘクタールとなった。これは東京都の面積の約1・3倍である。農業地域類別に耕作放棄地面積率をみてみると、山間農業地域がもっとも高く、平地農業地域の3倍近い。こうした山間耕作地では、鳥獣被害で農地が原型を失うほどに荒れてしまっているケースも少なくない。逆に都市部では宅地やショッピングセンター、工場への転地も増えている。

こうした耕作放棄地の問題を解消するために、農林水産省や自治体は、民間と協力しながら様々な対策を展開している。たとえば、農業の規制緩和が進む中で、イオン、セブン&アイ・ホールディングスなどの大企業が耕作放棄地を受け入れ、再生するケースが増えている。なかには、長年使われていなかったことが幸いし、農薬や除草剤、化学肥料が残留していない耕作放棄地を有機栽培に活用する企業もある。ケール青汁でおなじみの遠赤青汁は、耕作放棄地をよみがえらせて有機栽培を開始。それを自社工場で加工し、販売している。さらに農家の放棄地を再生するために、農業に興味のある個人に貸しているマイファームは、農業学校を運営。体験農園のみならず、農業人口を増やし、農地問題に向き合っている。

各自治体では、耕作放棄地の再生利用をサポートする対策協議会を設置。農地所有者と農地の引き受け手の間を調整したり、国の支援策を説明したりするなど、再生方法の検討や実施計画の策定を行っている。そのほか、農地法改正後は、農協が農地を引き受けることもできるようになった。とはいえ、そのいずれも増え続ける耕作放棄地の抜本的な解決になっているとまではいえない。耕作放棄地の増加は、環境への悪影響や食料自給率の低下にもつながるため、今後も紆余曲折しながら、なんとか食いとめなければならない。

農業を統括している農林水産省 実際はどんなことをしているの？

農林水産省と聞くと、なんとなく農業分野における国の仕事をしているということだけは想像できるが、それ以上は何をやっているところなのか、いまいちわからないという人が大半ではないだろうか。

農林水産省は、農業に関わる法整備、米など作物の技術開発と普及、農業機械の開発、土地改良（土木）、農林中央金庫など金融機関の監督、農業経営支援、消費者の保護など、食料・農業関係にかかわる幅広い業務を行う。農林水産省設置法第3条では「食料の安定供給の確保、農林水産業の発展、農林業者の福祉の農山漁村及び中山間地域等の振興、農業の多面的機能の発揮、森林の保続と育成及び向上、森林生産力の増進並びに水産資源の適切な保存及び管理を図ることを任務とする」と定義づけられている。

農林水産省には、省全体の総合調整を行う「大臣官房」、消費者保護や表示・規格、食品安全に関わる仕事をする「消費・安全局」、六次産業化や知的財産、種苗などを管理する「食料産業局」、農業生産資材や農業技術に関与する「生産局」、農協や経営改善、税制関連の「経営局」、農村漁村・中山間地域等を振興する「農村振興局」、米麦政策や経営所得安定対策を担う「政策統括官」、試験研究を統括する「農林水産技術会議」といった組織がある。さらに外局として、「林野庁」や「水産庁」がある。

2015年3月31日、農林水産省の軸ともいえる農政の中長期のビジョンとなる新たな「食料・農業・農村基本計画」が閣議決定された。農業・農村は、高齢化による人手不足や農地の荒廃など、きわめて厳しい状況にある一方、海外への輸出や六次産業化へのチャレンジ、大規模経営の出現、若者の「田園回帰」といった新たな動きも広がっている。今後、こうした〝芽〟を育て、農業・農村の明るい展望を切り開くとともに、農地・農業用水などの地域資源を確実に次の世代へ継承していく必要があると農林水産大臣は談話した。

こうして、農林水産省は、積極的なチャレンジによる農業・食品産業の活性化を推進することによる、持続可能な農業・農村の実現や農業者の所得向上、担い手が活躍できる環境整備といった農政改革をさらに進めていく方針だ。同基本計画案には、実現可能性を重視した食料自給率目標を設定するとともに、日本の食料の潜在的生産能力を評価した食料自給力指標を示し、不測時に備えた食料安全保障に関する国民的議論を深めていくことや、農地の見直しと確保、農業構造の展望、農業経営等の展望についてなど、包括的な内容が盛り込まれている。

農林水産省組織図

農林水産本省

大臣官房	農林水産省全体の政策に関わる総合調整を行う
消費安全局	食品の安全管理、農畜産物の病気の防止、食品表示の適正化、食育の推進など
食料産業局	農山魚村の六次産業化の推進、日本産食品の輸出促進、再生可能エネルギーの導入推進など
生産局	農畜産物の生産現場を支える。生産・経営安定対策の実施、新技術・品種の導入、鳥獣被害防止など
経営局	農業者の高齢化や後継者不足、耕作放棄地増加の問題などにあたり、地域農業の将来的発展を目指す
農村振興局	東日本大震災など被災地での農業復興、農村の多面的機能の充実、水資源の保全管理、災害の未然防止など
政策統括局	米麦政策、大豆・砂糖類など、経営所得の安定対策
農林水産技術会議	温暖化、人口増加、食料危機など、地球規模から地方まで見据えた様々な課題に産学官で取り組む
林野庁	国土の７割を占める森林を守り、活用する。再生可能エネルギーの木質バイオマスの活用推進など
水産庁	水産物の安定供給、水産業・漁村の発展を目指す。水産資源国として世界の水産業を支える
地方出先機関	地方農政局／地方支局／植物防疫所／森林管理局／農林水産政策研究所／動物検疫所／漁業調整事務所／研修所等／国営土地改良事業所等／動物医薬品検査所

（参考：農林水産省、2015年10月）

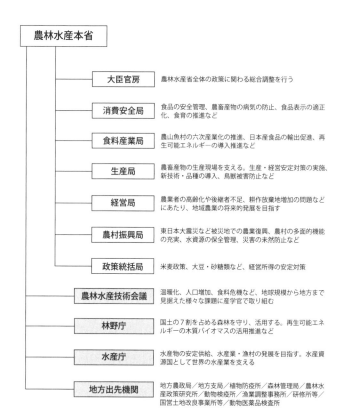

「水田の高度利用」から、「新規就農給付金制度」まで……国が行う農業支援

政府は農業を支えるために、様々な支援策をとっている。

なかでも水田の高度利用のための施策は、重要な政策の柱である。食生活の多様化にともない、米消費量が減少。それにより**水田で水稲以外の作物を栽培し、後作としてハクサイやキャベツなどの野菜栽培を行う多毛作を「水田の高度利用」と称し、推奨している。**補助金をともなう事業やそのための調査研究に積極的に取り組んでいる。

また、**これまで農業を体験したことのない人たちへの支援にも力を入れている。**たとえば、「青年就農給付金」は、就農前に研修する人物の支援を目的に、就農前の研修期間（2年以内）の所得を確保する給付金（年間150万円）を支給する制度だ。

また、新規就農者の定着を促進するため、新規就農者向けの無利子資金により、必要な機械や施設の設置等を支援する。これは、農業者の高齢化にともない、持続可能な力強い農業を実現するために、現在、年間1万人程度の新規就農者数を2万人増加させていくことを目的にしているためだ。10年後までに40代以下の農業従事者を約40万人へ拡大するこ

とを政策目標とする。

同じく新規就農者を支援する「全国新規就農相談センター」では、都道府県に設置されている相談窓口や就農相談会、インターネットを通じた就農のステップや就農相談、農地・家屋情報を知ることができる。各地方自治体の就農支援情報など就農に関する情報を提供している。

また、移住に関する地方自治体の取り組みなどを発信する移住・交流情報ガーデンおよび全国移住ナビにおいても、就農に関する情報の提供・相談を行う。農業を体験してみたい希望者には、短期間の農業就業体験（インターンシップ）を実施している。

「農地中間管理機構」は、農用地を貸したいという農家（出し手）が農用地等の有効利用や農業経営の効率化を進める担い手（受け手）に貸し付け、農用地利用の集積・集約化を進めるため、農用地等の中間的受け皿となる組織だ。**この20年間で、耕作放棄地は約40万ヘクタールへ倍増**。この制度は担い手への農地利用が全農地の５割に過ぎない状況を鑑みて、余剰の農用地を受け手への集積・集約するなどしてその有効活用を図ることを目的としている。地域内の分散した農地利用を整理し、必要な場合は基盤整備等の条件整備も行う。担い手がまとまりのあるかたちで農地を利用できるように配慮して貸し付けられるよう、法整備・予算措置・現場の話し合いをセットで推進している。

農家にとっての頼みの綱 農業協同組合（ＪＡ）の役割

「ＪＡ」は、Japan Agricultural Cooperatives（日本の農業協同組合）の略で、１９９２年４月から使用されている「農業協同組合（農協）」の愛称だ。農業に携わっている人たちを中心に構成され、全国に協同組合がある。「農業協同組合法」（１９４７年制定）に基づく法人であり、事業内容がこの法律によって制限されている。**農業の生産力を高め、農業所得を向上させ、地域の農業を発展させることを目的とする**。

ＪＡは組合員である農家に、農業技術の指導をしたり、農業生産に必要な肥料や農薬などの資材をできるだけ安く共同で購入したり、新鮮な農畜産物を共同で販売する直売所を開いたり、銀行や保険会社のように貯蓄や融資、共済の事業もしている。一方、ＪＡの組合員である農業者は消費者でもあり、日常的な生活資材の提供を受けることができる。

ＪＡの組合員には、農業を仕事にしている「正組合員」と、非農家でＪＡに出資金を支払って手続きをした「准組合員」の二つのタイプがある。組合員総数（２０１３年）は１０００万人を超え、そのうち正組合員数は個人で４５５万人、法人で１万５５００団体、準組合員数は550万人だ。

市町村・地域では、様々な事業を行う「総合JA」と、酪農や果樹など作目別を中心とした「専門農協」がある。総合JAの場合、都道府県段階と全国段階にそれぞれの連合会があり、次のように事業別になっている。

指導事業(代表機能)

JAの土台となる営農、生活指導などを指導事業と呼ぶ。組合員の生活を向上させるため、農業経営や営農技術の改善のための研修機会を提供している。そのほか、広報活動などを行っている。

経済事業

大きくは「販売事業」と「購買事業」がある。販売事業は、組合員が生産した農畜産物をJAが集荷して販売する事業。JAの販売事業は共同で行うことから「共販」と呼ばれ、農畜産物の数量がまとまり、一定のレベルで品質が均一に揃うため、市場での有利販売が可能となる。また、市場に対して価格交渉力も高まる。

購買事業は、JAが組合員に、肥料、農薬、農機具などの生産資材や、食品、日用雑貨用品、耐久消費財などの生活資材を供給する事業。組合員から予約注文を受け、スケールメリットを利用してメーカーと交渉し、低価格で安全かつ良質な資材を提供する。

信用事業

組合員などから貯金などを預かり、それを原資として組合員などに貸出を行う事業。JA、JA信連、農林中央金庫により構成された「JAバンク」が事業運営を行い、一体的に各種金融サービスを行っている。

共済事業

JAで行う民間の保険にあたる事業。民間の保険と違い、組合員を対象に相互扶助の精神で非営利事業として行っている。生命保険と損害保険の機能をあわせ持つ。

その他の事業

地域の医療や福祉に貢献する「厚生事業」、高齢者の暮らしを支援する「高齢者福祉事業」、土地の有効利用の提案や資産活用相談を行う「相続・事業承認支援事業」、国内外の旅行を取り扱う「旅行事業」などがある。

ＪＡ組織図

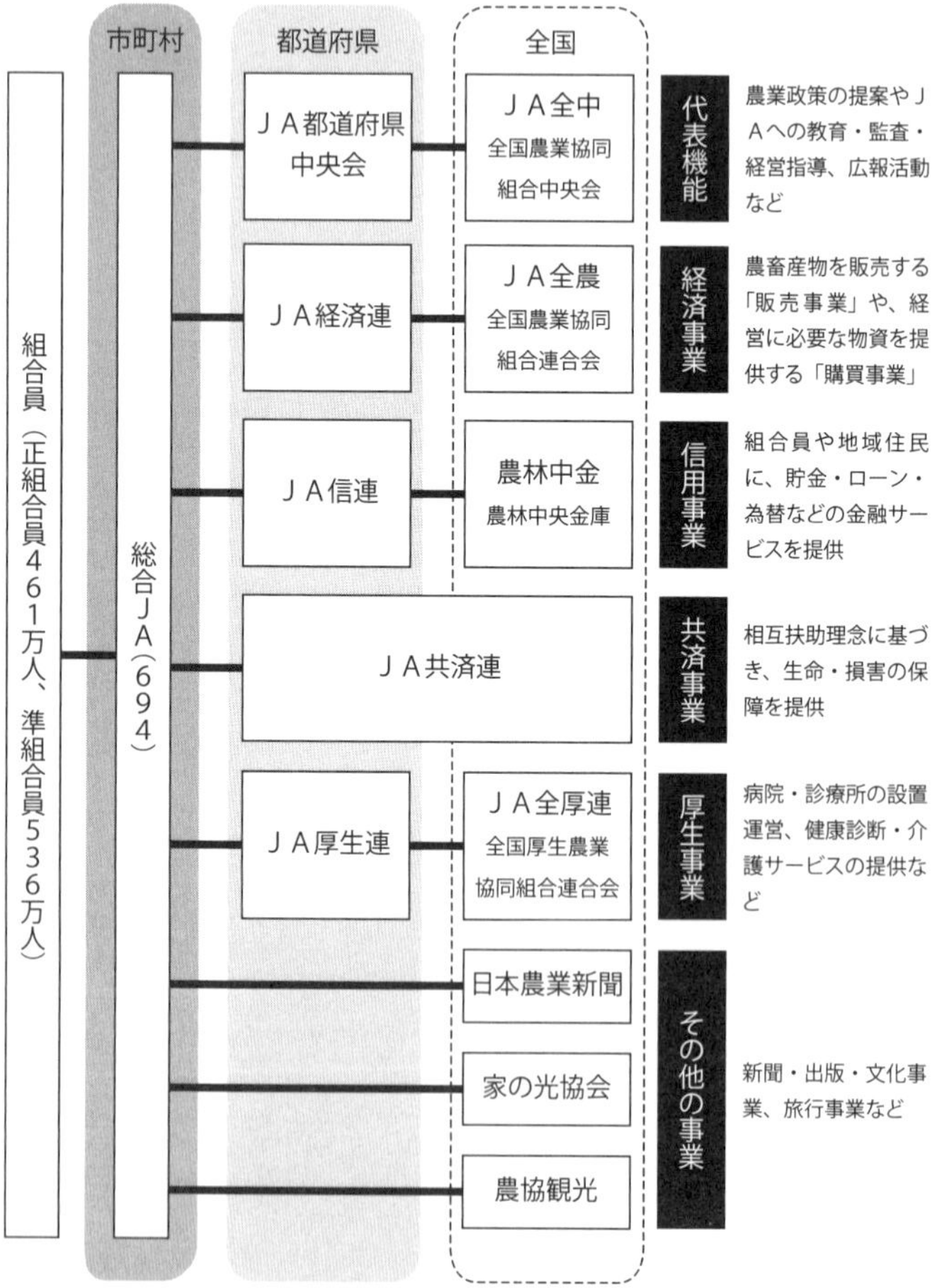

（参考：農林水産省「統合農協統計表」2012年）

農地から食卓にのぼるまで
農産物流通のしくみ

私たちが毎日のように口にする野菜は、どのような流通ルートをたどり、食卓まで届けられているのだろうか。

農家で栽培・収穫された野菜は、生産者から生産物を買って市場に出荷する「産地仲買人」やJAなどの団体を通じて、各地の中央・地方卸売市場に出荷される。これまで卸売業者が、「仲卸業者」（買い取った野菜を仕分け・調整して市場内の店舗で販売する業者）や「売買参加者」（卸売業者や仲卸業者から買い取った野菜を自らの店で販売する人たち）に対して、セリ売りや相対売り（売り手と買い手との話し合いによって価格を決める方法）で販売し、それがスーパーやデパートなどの小売店に並ぶのが一般的だった。

しかし、最近は流通ルートが多様化。生産者や農協が、直売所を設けて販売したり、加工メーカー、飲食店、スーパーマーケットと直取引を行うケース、インターネットを利用して直接消費者に販売するケースなどが増えている。

JAを使うメリットには、農産物の市況などの情報が得られやすい、営農資金などで金

農作物の流通ルート

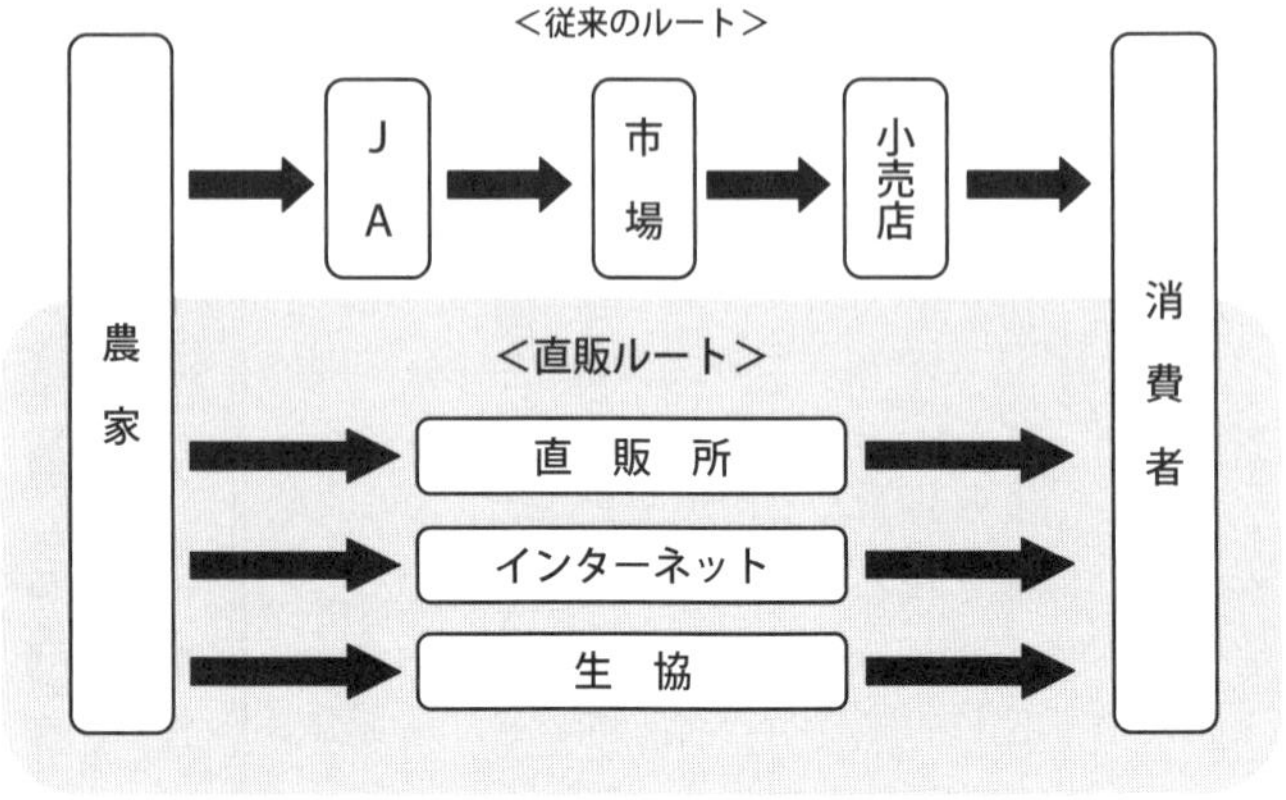

利の低い借り入れができる、組合員同士の密なコミュニケーション、販売先を自ら探す必要がない、などがある。また、食品への安全・安心の意識が高まるなか、生産者の顔が見えることで、出所がはっきりしていると消費者から喜ばれる。

一方、デメリットとしては、出荷先について選択できない、個人売買の方が単価が高い場合がある、地域によっては部会でのイベントに強制的に参加しなければならない、などが挙げられる。

近年は、若い人材による有機栽培を軸とした「小さな農」が広がっていることもあり、好きなものを好きな価格で好きなだけ売れる「直売」や「直取引」の需要が増えていきそうだ。

流通が多様化しても〝核〟を担い続ける「卸売市場」という存在

農産物の流通ルートは多様化し、主流だった卸売市場ルートでの流通の割合は減ってきている。とはいえ、特に野菜や果実の輸送や取引、価格決定、小売業者への配送において、「卸売市場」の役割は依然として大きい。生鮮品である農産物は、品質や生産数量が気候や降雨量によって左右されやすく、価格が一定しないため、価格の高騰や暴落を抑制する機能が必要だからだ。鮮度を保つための設備や迅速な流通、地方から大都市への再分配も不可欠であり、卸売市場が築いてきたノウハウの効果が大きい。

現在、卸売市場には、大きく分けて「中央卸売市場」「地方卸売市場」、そのどちらにも当てはまらない「政令規模未満市場」がある。中央卸売市場は「卸売市場法」に基づいて農林水産大臣（農林水産省）が認可し、都道府県または人口20万人以上の自治体が開設する。一方で地方卸売市場は都道府県知事が認可し、地方自治体や民間企業が開設する一定面積以上の規模を持つ市場である。農林水産省の2015年の報告によると、中央卸売市場は全国40都市に67市場、地方卸売市場は1105市場ある。

卸売市場の目的は消費者に迅速かつ効果的に生鮮食品を供給する一方で、生産者に対しては、販路を迅速かつ確実に提供することである。また、小売業者や仲卸業者には、安定的かつ効率的な取引の場を提供しなければならない。現在は市場でのセリや相対取引の割合が小さくなり、生産者（出荷者）と卸売業者との間での事前取引や契約取引が主流となりつつあるが、日本の卸売市場の意義は、大きく分けて次の五つだ。

① 価格形成機能…農産物を多く集めることで、需給を反映した適正価格を提示する。政府の介入で価格を安定させ、農産物の安定供給にもつなげる。
② 収集・再分配機能…日本全国に散在する農家から農産物を集めて、再分配する。
③ 公共性…規模により差別をしない。売りしぶり防止。生産者の取引交渉力を弱めることにつながる反面、食の安全を担保する役割がある。
④ 大規模流通機能…流通させる量を大きくすることにより流通コストを下げる。
⑤ 社会的インフラの整備…広大な用地を確保して巨額の施設と設備を設置する。

かつての存在感を取り戻すため、卸売市場の目下の悩みは、深刻な人手不足だ。変則的な労働時間が若い人材に敬遠される理由となっているのだ。

増える直接取引
食の安全性をめぐる食品メーカーの試み

企業の農業参入が加速している。背景には、2009年の農地法改正によって、全国どこでも農地の借り入れができるようになったことがある。2014年末時点で農協に加入している一般法人は1700超と、改正前と比べておよそ4倍になっている。

なかでも、近年は大手企業の参入が目立つ。カゴメやキユーピーなどの先発組に加えて、イトーヨーカドーやイオン、ユニクロ、トヨタ、NTTドコモなど異業種の進出も目立つ。

注目したいのは大手居酒屋チェーンのように、「農業生産法人」設立による農地取得や農地リース方式で農地を借りるなどして、企業が農業生産に乗り出した点だ。異業種進出では、アグリビジネスが人気。生産だけではなく、新しい品種の開発や改良種の育成から、農産物の加工・貯蔵・流通までを含めた経済活動を行っている。

さらに、食の安心・安全のための「トレーサビリティ」に対するニーズの高まりなどが参入を加速させている。トレーサビリティとは、食品の生産から加工・流通・販売までの過程を明確に記録し、商品からさかのぼって確認できるようにすることであり、またその管理システムをいう。トレーサビリティの仕組みが機能すれば、食品に関する事故が発生した場合、製品の迅速な回収や事故の原因追求を容易に行うことが可能だ。また、生産履歴の開示によって消費者ニーズに応え、産地や流通業者への信頼が得られるのも大きい。

例として、UCC上島珈琲は、コーヒー豆など農作物の国際認証プログラム「Good Inside（グッドインサイド）」を国内の全工場に導入した。同システムでは、オンラインでリアルタイムに海外のコーヒー農園まで生産履歴をたどることができる。

全国の菜園と直接契約し、生鮮トマト事業を展開するカゴメも、商品はすべてロット番号で管理し、「いつ、だれが、どのように育てたか」がわかるようにトレーサビリティシステムを導入している。

日本の食品メーカーが農家と直取引をしたがる理由には大きく二つある。一つは、**形が悪かったり大きすぎたりして小売りには適さない、規格外の野菜を積極的に活用し、外食店や惣菜店に加工用として回すことで無駄が出ない事業モデルの確立が可能なこと。そして、生産者との関係を深めることで安全な国産野菜の安定調達につなげられること**だ。

自分が食べている食品は、果たして安全なのか。食品偽装事件の発生などにより、トレーサビリティへの関心は年々高まりつつある。より詳細な商品規格書を明示するためにも、メーカーには「安全な食」を担保する体制が求められている。

消費者の心をつかむ産直 大型直売所も登場し、ますます人気に

近年、食品の安全性についてより関心が高まるなかで、「顔の見える取引」を通して、新鮮でおいしい農産物を購入したいという消費者が増えている。

なかでも人気なのが「産直」だ。産地直結、産地直売、産地直送を意味する産直の形態は、農産物直売所やインターネット、生協などの団体を通したものなど様々である。

「JAタウン」や「オイシックス」といったインターネット産直は、消費者ニーズの多様化のなかで大きく広がっている。共働き夫婦世帯や高齢者世帯が増えるにつれ、スーパーや百貨店へ行かなくても、自分の希望の日時に食料品を届けてくれるインターネット産直のニーズが急増しているからだ。産直の強みを生かし、都会ではなかなか手に入らない珍しい色や形の野菜や伝統野菜、旬の野菜や朝採り野菜をふんだんに詰め合わせたセットに有名シェフのレシピや生産者からのメッセージを折り込むなど、細やかな消費者ニーズを満たすことで販売数を着実に増やしている。

また、**もともとは地元の農家が規格外品の、いわゆる〝二級品〟を売る印象の強かった**

農産物直売所だが、近年では意欲的な農家が自慢の〝一級品〟を出品するようになり、こちらも人気を博している。現在では、道の駅や観光施設を中心に、地元の農家が、野菜・果物、米、漬物などの加工品を持ち込む農産物直売所が都会の消費者の心を掴んで大盛況だ。なかには生産者同士で協力して営んでいる大型直売所もあり、こうした店舗の多くが、生産者の顔写真と名前を公開し、各生産者からのメッセージを書いた店内ポップでアピールしたり、時には生産者自らが店頭に立ったりするなどして、生産者が主体となった店づくりをしている。

農林水産省によると、無人販売所などを含んだ全国の産地直売所は、1万6816カ所（2009年）で、年間総販売金額は8767億円となっている。このうち、農業協同組合の販売金額は2811億円（32・1パーセント）、生産者および生産者グループは2452億円（28・0パーセント）であり、この二つで全体の約6割を占めている。

販売面における高付加価値化への取り組みでは、「朝採り販売」が70・8パーセント、「地場農産物のみの販売」が65・8パーセントと割合が高く、「有機・特別栽培品の販売」は25・8パーセントと他の取り組みに比べて低い。地域との連携への取り組みをみると、学校給食、幼稚園、保育園、教育機関等への食材の提供が19・7パーセントと高く、食育意識への高まりと相まった結果となっている。

豊作になると損をする?・〝豊作貧乏〟と野菜の廃棄処分

天候に恵まれ豊作なら農家は儲かるだろうという発想は浅慮だ。農業には「豊作貧乏」という言い方がある。豊作だと農家が損をするとは、一体どういうことだろうか?

野菜は、栽培する前に必ず農協が生産量の計画を立てる。農協が前年までの需要やその年の天候予想など、様々なデータをもとに供給量を想定し植え付けの量を算定すると、農家はその算定量に沿って種をまく。これは市場における農作物の過不足をなるべく抑え、需要と供給の安定を図るために、とても重要な計画である。

しかし、天候は誰にもコントロールできない。想定外の天候が続き、収穫量が予想をはるかに超えることもある。たとえばキャベツの収穫量1万玉を予定し、ひと玉120円で出荷して1200万円の収入を見込む計画が、実際には予想より天候がよく、1万5000玉の収穫があったとする。予定した生産量の150パーセントでは市場で値崩れするが、当初予定した収入1200万円を割り込まないよう、90円で売れば1350万円の収入は確保できる。だが、そんなに単純な話ではないようだ。野菜は生鮮食品である。消費者は食べきれずに傷むものを買っても仕方がないのだから、**野菜の分野では、安いからといって飛躍的な需要アップは見込めない**のである。すると、さらなる価格暴落の悪循環が起こる。野菜農家にとって、妥当な量を超える収穫は損になるのだ。

豊作による市場価格の低落が起きたとき、**市場の安定と生産者保護を図る対策の一つに、「緊急需給調整対策」がある**。これは国が実施し、天候の影響を受けやすい露地栽培で流通量も多いキャベツやタマネギなどが対象となる。対策には次の3段階がある。一つ目は「出荷のあと送り」。過去の平均価格の80パーセントを割ったとき出荷制限をかける。生産者には出荷の遅れにともなう品質低下分を助成する。二つ目は「加工用販売」で市場価格の70パーセント以下で発動される。市場向け野菜を加工用途に変更して出荷し、生産者には種子・肥料・農薬など物財への出費の一部を助成する。三つ目は「市場隔離」で、廃棄処分のことだ。市場価格の70パーセント以下で、前の二つの対策をしても、なお過剰な場合に発動される。生産者には種子・肥料・農薬など物財への出費の一部が助成される。大量の野菜が畑で朽ちている映像をニュースなどで観たことはないだろうか。悲しい気持ちになるが、**廃棄処分は生産者を救う重要な対策**なのである。

緊急需給調整対策は、国と生産者（団体等）が50パーセントずつ拠出した積立資金を活用して実施される。

食べなきゃもったいない？ ふぞろいな野菜のゆくえは……

スーパーや小売店に均一的な身なりで並ぶ野菜たち。端に積まれた外箱には「S」や「秀」などの文字が記されている。曲がったキュウリや楕円形のトマトなど不揃いな野菜は、なぜ一般市場にあまり流通しないのだろうか？　この問題を指摘する特集記事やニュースは以前からたびたび目にするが、もっとも大きな理由として、不格好な野菜を嫌う「消費者のニーズ」が挙げられることが多い。しかし、本当にそれが理由なのだろうか？

野菜の標準規格は、１９７０年に全農によって、最初は野菜27品目について定められた。高度成長による野菜の需要拡大にともない、オートメーション化など作業の簡素化と効率化、コストダウンが必要となった。**不揃いでは作業効率や梱包にもロスが生じる**。また、サラダなどの**加工業者も機械でカットするには野菜の形が均一である必要があった**。ゆえに小売業者やメーカーにとっては、厳しい規格のメリットが大きかったのだ。２００２年には標準規格が撤廃されているが、今も色濃く残っているのが現状だ。

市場にのらない**規格外の野菜や果実は、ジュースやソースなどの加工品として利用され、**

それでも余ったら多くは廃棄処分される。明確なデータはないが、農林水産省の出荷量と市場流通量の統計データをもとに計算すれば、年間約400万トンの野菜が行き先不明になっているという試算もある。

最近では、一部のスーパーマーケットや生協などの定期宅配でも不揃いな野菜が取り扱われるなど、消費者に届きやすくなった。規格品より割安で品質は変わらないのだから、消費者には嬉しいし、野菜をムダにせず済んで一石二鳥だ。

しかし意外にも、規格外の野菜が流通することは農家の首を絞める可能性がある。規格品か規格外のどちらにしても生産コストは同じである。規格品で100円のトマトが品質の変わらない規格外なら80円で購入できるとしたら、消費者は規格外トマトを選ぶだろう。同じ品質なのにわざわざ高い商品を購入することはあまり考えられない。流通コストなどを差し引くと、必然的に正規品を販売すれば収入は格段に厳しくなる。規格外野菜の扱いが長年問題になりながら、これという解決への動きがないのには様々な立場や要因が複雑に絡んでいるようだ。

昨今は、都心でのマルシェ開催や生産者によるインターネット販売も増え、生産者と消費者の間では太い接点をもちはじめた。このチャネルの急激な変化と中間コストの大幅削減は、今度こそ不揃いな野菜の廃棄問題にとって解決の大きな一歩となるだろう。

第三章

米、野菜、果実を栽培する、農業の現場

GDPに占める「農業総産出額」から日本の農業の規模を考える

日本の農業の規模を知るうえで指標となる数字に「農業総産出額」がある。これは農林水産省の定義によると「農業生産活動による最終生産物の総産出額であり、農産物の品目別生産量から、二重計上を避けるために、種子、飼料などの中間生産物を控除した数量に、当該品目別農家庭先価格を乗じて得た額を合計したもの」で、要するに企業の売上高に当たる。農業総産出額の「農業」には畜産も含まれる。

この金額から、日本の農業が経済的にどれほどの成果を上げているかわかるわけだが、2013年の農業総産出額は8兆4668億円だった。金額だけではわかりにくいが、これは**同じ年の名目GDP483兆円の約1・7パーセントを占めているに過ぎない**。

部門別では、畜産が2兆7092億円とトップで、野菜が2兆2533億円、米が1兆7807億円、果実が7588億円と続いている。経済が安定した1970年以降でみてみると、野菜や果実の産出額は1980年代後半から90年代はじめにかけてピークを迎えるものの、全体としては伸びている。問題は米で、現在の産出額は1977年の3兆90

部門別農業産出額の推移

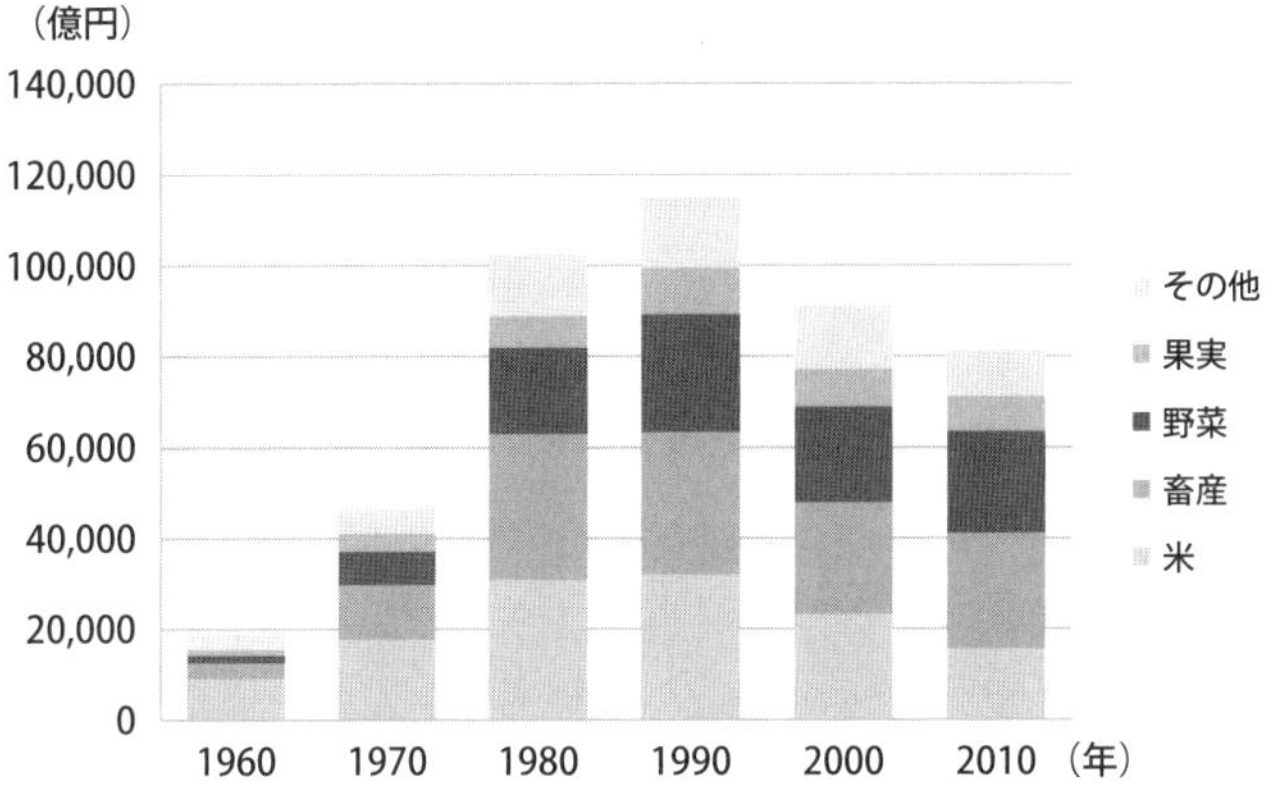

参考：農林水産省

７５億円の46パーセントにまで落ち込み、この減少が総産出額に影響している。

実際、農業総産出額は１９８４年の11兆７１７１億円をピークに減少傾向にあり、２００１年以降は８兆円台で上下しているのが現状だ。ＧＤＰにおけるその割合は、１９８４年で、３・６パーセント（ＧＤＰ＝３２５兆９７４１億円）。戦後10年の１９５５年では19・9パーセントだった（農業総産出額＝１兆６６１７億円、ＧＤＰ＝約８兆３６９１億円）。

わが国は経済成長を経て、現在ではサービス業や通信業といった第三次産業が存在感を増している一方で、農業をはじめとする第一次産業が弱ってきていることを示した結果といえよう。

農業就業人口は減少傾向だが、スタイルが多様化している現在の農業

脆弱化が心配されている日本の農業だが、現在、どれくらいの人数が農業で生計を立てているのだろうか。農家世帯のうち、〝農業だけに従事している人〟と〝兼業で農業以外の仕事ももっているが、農業に従事した日数のほうが多い人〟とを合わせた人数を**「農業就業人口」**という。ピークは1960年の1454万人。**2014年は226万6000人**にまで減っており、うち女性が114万1000人と半数以上を占めている。また、就業人口の平均年齢は66・7歳と高齢である。

とはいえ、暗い話ばかりではない。たとえば、新たに農業の仕事に就く「新規就農者」の数については、2005年に7万8900人と伸びたのち、2010年以降は5万人台で推移しているが、そのうち土地や資金を独自に調達し経営を開始した「新規参入者」の数は2012年以降大きく増加している。それに加えて、法人などに就職して農業を職業にする「雇用就農者」は徐々に増えてきている。雇用就農者は39歳以下の割合も大きく、今後このなかから独立を目指す人も出てくると考えられる。

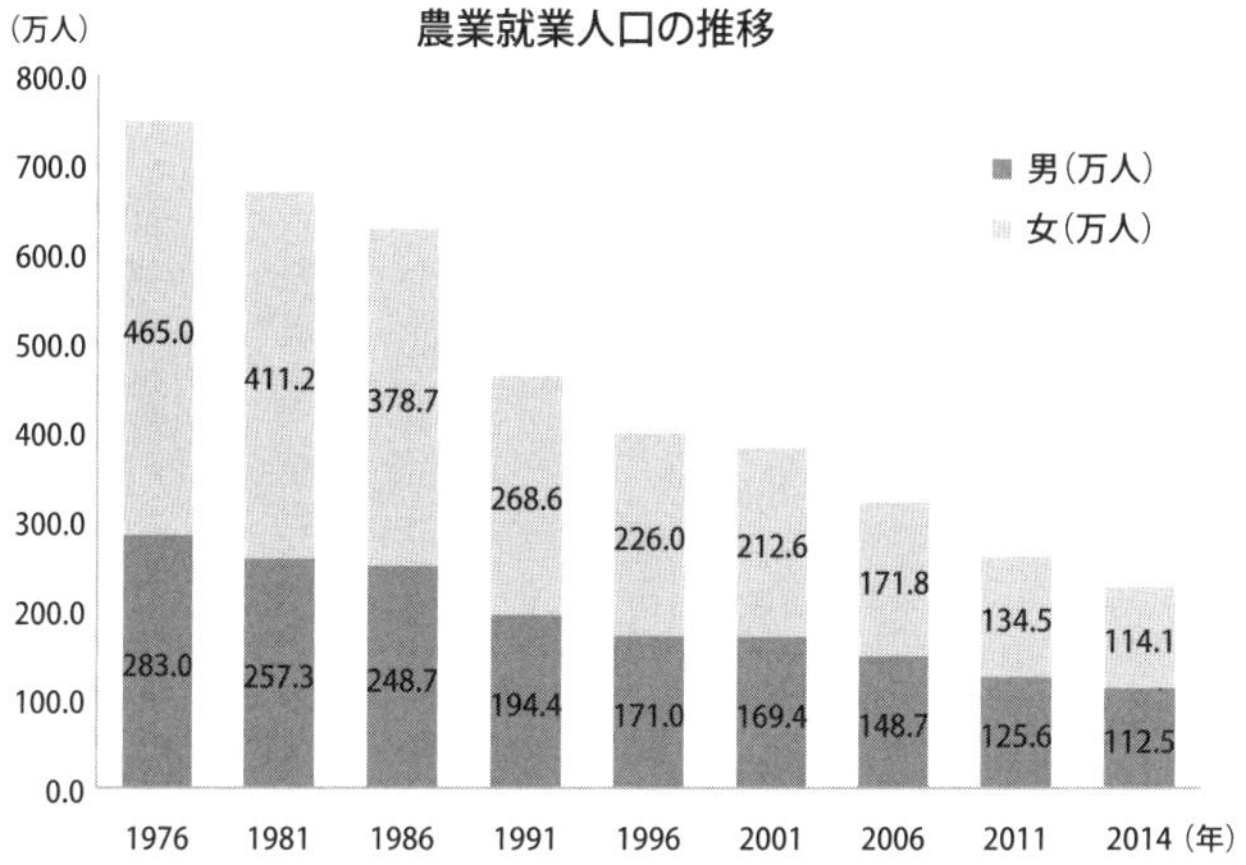

※「農業就業人口」とは、15歳以上の農家世帯員のうち、調査期日前1年間に農業のみに従事した者又は農業と兼業の双方に従事したが、農業の従事日数の方が多い者をいう。

（参考：農林水産省）

かつて農家は家族に農業以外の仕事をもつ人がいない「専業農家」と農業以外の仕事をもつ人が1人以上いる「兼業農家」に分けるのが一般的だった。兼業農家のうち、農業による所得が主となる場合は「第1種兼業農家」、従となる場合は「第2種兼業農家」と分けた。しかし、ライフスタイルの多様化で、農家の実情も専業・兼業で把握することがむずかしくなり、1990年代以降は主業・副業で分けるようになってきた。年間60日以上農業をする65歳未満の人がいる農家のうち、農業所得が所得の50パーセント以上の農家を「主業農家」、50パーセント未満の農家を「準主業農家」、60日以上農業をする65歳未満の人がいない農家を「副業的農家」という。

〝農業の六次産業化〟時代 期待されている「農業生産法人」とは

かつての農業は、国民が生活をするために、十分な量の食糧を供給する「第一次産業」にとどまっていた。しかし、人々の嗜好や需要が多様化し、外国産農産物の輸入量が増えたいま、競争力をつけるためにも商品企画力やマーケティング力といったビジネススキルが必要とされる時代となった。

農業を営む法人を「農業法人」と呼び、農地の権利取得の有無によって、「農業生産法人」と「一般農業法人」に大別される。農業を法人化するメリットは、経営の強化、節税、制度資金枠の拡大、社会保険の充実、意識転換などが挙げられる。

農業生産法人は、農業経営を行うために農地を取得できる法人を指し、株式会社（株式の譲渡制限のあるものに限る）、有限会社、合資会社、合名会社、農事組合法人の5形態が属している。農業生産法人数は増え続け、2014年の農業生産法人数は1万4333法人で、4150法人だった1995年以降の増加が顕著となっている。その成り立ちをみると、個別家族農業経営から法人化したもの、集落営農から法人化したもの、企業の農業参入によるものに大別できる。

こうした農業生産法人の増加は、農林水産省が目指す「農業の六次産業化」の足がかりになると期待されている。**六次産業化とは、「地域資源」を有効に活用し、農林漁業者（第一次産業従事者）がこれまでの原材料供給者としてだけではなく、自ら連携して加工（第二次産業）・流通や販売（第三次産業）に取り組む経営の多角化を進めること**で、農山漁村の雇用確保や所得の向上を目指すことである。

農産物の加工や直売所での販売のほか、農家レストランや農家民宿、観光農園など、農業生産法人が行えるビジネスは多岐にわたる。たとえば、富山県の「農工房長者」では、2007年より桃の栽培をスタート。果物の販売だけではなく、自社の果物を使ったパフェやデザートを開発して、自社カフェで提供して人気を博している。加工品の原料となる桃の安定生産と桃の付加価値を高める商品開発で、年間を通した商品提供を可能にした。

一方で、六次産業化には多くの課題が残るという専門家の指摘もある。はじめるには多額の資金が必要で、個別家族農家や集落営農にとって不利なこと、成功事例がいまだ少なく、手探りで行わなければならないこと、二次産業や三次産業へ小規模経営のまま進出しようとすると、不慣れゆえにかえって時間やコストがかかってしまうことなど、地方の農業経営者にとって壁は高い。

イオン、パソナグループ、キユーピー？あの企業が続々と農業に参入しているわけ

戦後の日本の農業政策は、小規模農業を守るために企業の参入を厳しく規制してきた。しかし、２０００年の農地法改正以降、株式会社形態の農業生産法人を許可し、２００２年には一般法人のリース方式での参入を可能にした。この15年余りで農業を「家業」から「産業」にしようとする動きが高まっている。イオン、パソナグループ、キユーピーといった企業が続々と農業に参入している背景には、こうした政府による規制緩和がある。

農業の担い手不足と増加し続ける耕作放棄地の問題の解決に向けて、安倍政権は農政改革をアベノミクスの大きな柱と位置づけ、農協改革を宣言。２０１５年8月、これまで農業に関わるビジネスを事実上独占してきたＪＡ全中の権限縮小など、農協組織を約60年ぶりに改革する改正農協法が成立した。地域農協の経営状態を監査したり、指導したりするＪＡ全中の権限をなくして影響力を弱めることで、地域農協の自立を促すことが狙いだが、一方でＪＡ全中の権限をはがすことにより、全国的な結集力が弱まり、大手企業に市場を奪われるなど、かえって個々の農家の不利益や担い手不足につながるのではないかという

反発の声も多い。

そんななか、トヨタ自動車はＪＡグループ愛知と提携するかたちで、農業支援を強化している。トヨタが開発した米生産農業法人向けのＩＴツール「豊作計画」は、トコタが自動車事業で培った生産管理手法や工程改善ノウハウを農業分野に応用したクラウド型サービスである。利用者が作物の納期スケジュールなどの情報を事前に登録すると、対象となるそれぞれの水田に対して日ごとの作業計画が自動生成される。２０１５年は、「ＪＡあいち海部」および「ＪＡあいち豊田」管内の農家４戸に先行導入し、２０１６年以降、県内全域の組合員農家に導入する予定だ。

ＪＡグループ愛知は、以前から組合員農家に対して栽培指導や生産性向上の指導などを行っているが、トヨタと共同で農地情報のクラウド登録や作業者のスマートフォンへの登録などの導入サポートを行い、集積データを活用することで、組合員農家の生産性向上や作業の効率化を目指す。トヨタが自ら農場を経営するのではなく、トヨタのお家芸ともいえる「カイゼン」を稲作に生かすため、米生産者の支援に乗り出し、〝日本の農業〟の競争力強化を促している。

こうしたトヨタとＪＡグループ愛知の新たな試みは、大企業と個々の農家の協調関係を担保できる好例といえるだろう。

大企業の農業参入の現状

企業名	事業内容
ＪＲ東海	グループ会社「ＪＲ東海商事」がトマト、レタス、イチゴなどを栽培
西日本鉄道	ＪＡと共同で出資し、農産物の生産販売やコンサルティングを行う会社「ＮＪアグリサポート」を設立。福岡県内のモデル農場で、就農希望者などに研修を実施し、新規就農を支援。将来的には沿線の農業地帯の過疎化をストップし、運輸事業を盛り上げる
東芝	2014年に参入。神奈川県横須賀市の遊休施設を植物工場に転用し、レタス、ベビーリーフなどの無農薬野菜を生産する。半導体事業での生産管理技術を生かす
住友化学	種子、農薬、肥料などの資材販売から栽培指導までを提供。農業法人に出資してレタスやトマトの栽培事業を行う。米の生産・販売にも参入
NTT ドコモ	新潟市などと「革新的稲作営農管理システム実証プロジェクトに関する連携協定」を締結。クラウドサービスを活用したプラットフォームの有効性を浸透させる試み。農業ＩＣＴソリューション企業と連携しながら、ドコモのネットワークやスマートデバイスを活用した生産者のサポートビジネスを目指す
ローソン	全国に20カ所以上の「ローソンファーム」を持つ。新潟市の農業特区で設立した特例農業法人「ローソンファーム新潟」ではコシヒカリなどの米を育て、新潟市内のローソンで販売する弁当やおにぎりに使用する「地産地消」を目指す
イオン	農業事業の「イオンアグリ創造」が、野菜中心に18の直営農場を展開し、直営方式で規模を拡大。大規模な米生産に参入し「トップバリュ」ブランドとして販売する予定
イトーヨーカドー	直営農場として農業生産法人「セブンファーム」を設立
カゴメ	創業100年の1998年に農業事業に参入。トマトの生産・販売を行う生鮮野菜事業は2014年時点で売上高76.5億円
キユーピー	98年に植物工場「ＴＳファーム白河」を操業開始
サイゼリヤ	直営農場を設立し、トマトやレタスなどを栽培
ユニクロ	野菜販売店「SKIP」（(株) エフアール・フーズ）で参入。ＩＴ通販、会員宅配、店舗の３ルートで、野菜、果実、米、牛乳など国産物約100品目を扱い、美味しく安全な食べ物を手ごろな価格で提供したが、2004年に撤退
パソナ	農業人材の育成、農業ベンチャーの起業サポートなどを行う

日本の土壌で効率よく育てたい肥料をめぐる試行錯誤

農作物にとって欠かせない肥料。肥料は、植物に不足しやすい養分を補給する生産資材だ。どのような土も、人間にたとえれば「持病」ともいうべき何らかの欠点をもっており、肥料はその持病と上手に付き合うために必要な栄養剤のような役割を担っている。日本の「肥料取締法」では、「植物の栄養に供すること又は植物の栽培に資するため土壌に化学的変化をもたらすことを目的として土地に施される物及び植物の栄養に供することを目的として植物に施される物をいう」と定義づけられている。

葉や茎の生長を促し、葉肥《はごえ》と呼ばれる**「窒素」**、花を咲かせ実をならせるのに必要な花《はな》肥《ごえ》や実肥《みごえ》と呼ばれる**「リン酸」**、耐病性などを高めたりする働きがある**「カリウム」**は、**肥料の三大要素**と呼ばれ、大量に必要とされる成分である。しかし、過剰に与え過ぎても栄養障害の原因になり、環境にもダメージを与えかねないため、注意が必要だ。

肥料は**「有機質肥料」**と**「無機質肥料」**に大きく分別でき、それぞれに長所と短所がある。「有機質肥料」は、動植物由来の物質を原料につくられた遅効性または緩効性タイプ。

肥料の与えすぎによって枯れてしまうといった肥料負けを起こしにくい反面、独特の臭気があり、コバエなどが発生する原因となる。「無機質肥料」は、科学的に合成された、速効性または緩効性タイプで、成分の質や量が安定して管理しやすい反面、与える量が多すぎると肥料負けしやすいといった特性がある。

肥料を与えることを「施肥《せひ》」と呼び、施肥の方法には大きく分けて「元肥《もとごえ》」と「追肥《おいごえ》」がある。元肥は、苗の植え付けや種まきの前に与え、あらかじめ土壌に肥料を混ぜておき、栽培期間中に少しずつ長く効かせるよう緩効性か遅効性のものを用いる。追肥は、植物の生育に応じて追加で与え、すぐに効かせるために速効性もしくは緩効性の肥料がよい。

このように、農作物の増産には欠かせない施肥だが、一方で肥料の三大要素である窒素を与えすぎると、有機質肥料であれ無機質肥料であれ、地下水を汚染するなどの環境への悪影響がある。

そういった問題を解決するために、近年は環境への負荷軽減を考えた施肥技術の開発が進んでいる。環境への負荷軽減などを考えて開発された肥効調整型肥料の活用や、土を使わずに植物に必要な養分を培養液で与える養液栽培、植物の生育ステージに合わせて、栄養状態を見ながら水と同時に液肥を与える養液土耕栽培といった方法が用いられている。

大量の堆肥を活用すれば「環境保全型農業」が実現する!?

日本の農作物の多くは、化学肥料や農薬を使用して生産されている。しかし、近年になって、「循環型農業」や「有機農業」「環境保全型農業」などの考えが支持を得ていることもあり、かつての農業を支えてきた「堆肥」が見直されている。

堆肥とは、積肥《つみごえ》ともよばれる昔ながらの肥料のこと。落ち葉、藁《わら》、野草、家畜の排せつ物などを堆積し、腐熟させたものである。条件をコントロールし、貯蔵性よく、環境を害することなく土壌還元可能な状態まで微生物分解することを「堆肥化」という。微生物分解を活性化するには、炭素と窒素のバランスや含水率、pH、温度、酸素量が適正でなければならない。堆肥には家畜の排せつ物の堆肥、生ゴミの堆肥、もみがらと有機廃棄物を混合した堆肥などの種類がある。なかでも、家畜の排せつ物の堆肥はもっとも一般的だ。リン酸などを含み化学肥料の代替になるほか、土壌改良効果もある。伝統的には稲わらなどと混合して野積みにし、時間をかけて堆肥化を行っていたが、近年では家畜の排せつ物量の増加により、堆肥化が追い付かないという問題が出てきた。

２０１５年の農林水産省の報告によると、現在、家畜排せつ物（牛・豚・鶏）の発生量は年間約８３００万トン。約９割が堆肥化や液肥化処理され、約１割が浄化や炭化・焼却処理へ仕向けられる。家畜排せつ物量は１９９１年から２０１３年までの間に11パーセント減ったが、「家畜排せつ物法」に基づいた適切な管理と処理が求められている。たとえば、この量をかつてのように野積みしてしまえば、地下水が汚染されたり、悪臭の原因になるなど、衛生面での問題が起きる。そのため自治体などは堆肥化施設を設置して、優れたバイオマス資源として家畜排せつ物を再利用するための処理に取り組んでいるが、現状では農家が土づくりのために投入する堆肥の量は全体として減少してきている。理由として、①良質の堆肥が入手しにくい、②農産物価格が低迷している、③堆肥の効果が現れてくるまで時間がかかる、④堆肥を散布する労力がない、などである。しかし、こうした状況のなかでも、環境に与える影響などを考慮して、施肥技術は発展し続けている。たとえば、土壌中に残る養分状態を分析する土壌診断や、植物の栄養状態を把握する栄養診断を行い、その結果に基づいて施肥量を決め、無駄な施肥を減らす取り組みが行われている。

農林水産省の調査では、農業者の約９割は今後、家畜排せつ物堆肥を利用したいとの意向をもっており、これらの有機物資源の再利用が進めば、理想的な農業体系といわれる循環型農業の実現が進んでいきそうだ。

危険ではないの？安全管理が厳しい日本の農薬事情

農薬は「農薬取締法」でその使用について定められている。薬剤で使われているものには、農作物を害する昆虫、ダニ、線虫、菌、雑草、野ねずみの防除に用いられる「殺虫剤」「殺菌剤」「除草剤」「殺鼠《そ》剤」のほか、農作物の生理機能を増進または抑制する「植物生長調整剤」「発芽生長調整剤」、害虫・鳥獣類を寄せ付けないための「忌避剤」がある。また、薬剤でないものには、害虫をにおいなどでおびき寄せる「誘引剤」、農薬の効力を増進させる目的で添加する「展着剤」、病害虫を防除するための「天敵」、微生物を用いて害虫や病気等を防除する「微生物剤」がある。

農薬を使用するメリットは、必要な量の食糧を安定的に供給できるといった収量の増加、除草剤を使用することなどによる農作業の効率化、人に害を及ぼす寄生虫や病原菌による汚染の抑止などがある。

一方、デメリットとしては、殺虫剤や殺菌剤の撒きすぎによって害虫や菌が抵抗性を持ち、かえって増加しかねないことや、生態系全般への影響が挙げられる。

地球環境の面で影響が懸念される物質は、FAO（国際連合食糧農業機関）、WHO（世界保健機関）の食品規格委員会「コーデックス委員会」が定める国際条約で規制されており、日本では条約で指摘されているすべての農薬の使用を禁止している。また、食品中に高濃度の農薬が残留すると、発がん性など人の健康に害を及ぼす危険性も指摘されているため、日本の農薬取締法では、その残留量が基準を超えてはならないと定めている。

日本の残留農薬基準は世界一厳しいともいわれており、すべての農薬成分に関して、作物ごとに基準値を設けている。たとえば米に使用される農薬「クロルピリホス」は、日本の基準が0・1ppm(※)であるのに対して、アメリカはその60倍の6ppmとなっている。

グレープフルーツやレモンなど温暖な気候で育てられる農作物に多く散布される農薬、特に収穫後の農産物に使われる「ポストハーベスト」と呼ばれる殺菌剤や防カビ剤への規制についても、アメリカは日本の基準に不満をもっている。収穫前に散布する農薬に比べて、農作物に残留しやすいことから、日本ではポストハーベストの使用を禁止しているのだ。

コーデックス委員会が定める基準は、多くの国が受け入れ可能な基準である必要があることから、甘くなる傾向があるとの批判もあり、日本ではより厳しい基準設定を用いているのが現状である。

（※）米は0・1ppmだが、白菜には1ppmなど、野菜によって基準が異なる

減農薬化に取り組む「エコファーマー」など環境にやさしい農業の取り組み

安全性が高い農薬を使用する農業や、農薬の使用量を減らす農業が注目されている。たとえば「生物農薬」は微生物や昆虫を生きた状態で製品化したり、生物由来の成分を利用するもので、寄生蜂やカブリダニ、線虫、微生物、抗生物質やフェロモンなど、日本国内で約50種類あるといわれている。

生物農薬のメリットは、自然界にあるものを使用していることから、環境への残留性がないことや毒性が低く人体への危険がないこと、有機栽培にも使用可能で、収穫された作物が高い値段で売れることなどが挙げられる。

こうした農薬を使うなどの工夫のほか、施肥の技術、それらの低減化など、環境に気を配った農業を行う農家を認定する制度に「エコファーマー制度」がある。エコファーマーとは、1999年7月に制定された「持続性の高い農業生産方式の導入の促進に関する法律（持続農業法）」第4条に基づいて、都道府県知事に認定された農業者の愛称名である。

農業者は、土壌診断結果に基づいて堆肥などの有機質資材を施して土地の力を高める①

"朱鷺《とき》と暮らす郷づくり" 認証制度

環境にやさしい農業に、地域で取り組み、成功している例もある。新潟県佐渡島の水田では、トキと共生する環境を守るために佐渡全域で減農薬化をすすめるなどの、「朱鷺と暮らす郷づくり」認証制度を実施している。認定基準として、エコファーマーであることや、化学農薬や化学肥料を減らすだけではなく、冬場も水田の湿地状態を保ったり、水田内に水路（江）を設置するなどの方法で生きものを育む環境をつくることや、生きもの調査を行うことなどが定められている。手をかけてつくられた「朱鷺と暮らす郷づくり」認証米は評価を得ながら順調に取扱店も増加している。なお、佐渡コシヒカリは日本穀物協会の食味ランキングで毎年「特Ａ」評価を得ている。

「朱鷺と暮らす郷」認証マーク。売上の一部は「佐渡市トキ保護募金」に寄付される

「土づくり技術」、有機質肥料の使用や必要最低限の農薬を使用するなどの工夫による②「化学肥料低減技術」、③「化学農薬低減技術」の計画を提出し、認定を受ける。

エコファーマーになるためには、①〜③のそれぞれについて一つ以上の技術を用いている必要がある。また導入しようとする作物の取り組み面積が、その作物の栽培面積の50パーセント以上なければならない。こうした努力によりつくられた農作物は食の安全を求める消費者からも信頼を得る理由となっている。

私たちの主食はこうしてつくられる米づくりの1年

私たちが毎日食べている米。米は1年がかりでつくられている。その米がどのように育ち、私たちが普段目にするかたちになっているのか。1年を通してみてみよう。

3月から4月は、種まきと苗つくりの時期。おいしい米づくりは種選びからはじまる。よい種は、中身の充実した重い種であり、塩水のなかに入れて沈んだ種だけを選ぶ。その後、病原菌を殺し、水分を十分に吸収させて温めた種を、肥料が入った床土にまく。発芽の時期が一定となるように、農家は最新の注意を払って苗つくりを行う。

4月になると田植えの準備をはじめる。堆肥や肥料を搬入・散布し、土によく混ざり合うように荒起こしと呼ばれる土を耕す作業を行う。昔はこれらの作業は人間と家畜によるものだったが、近年はトラクターで15センチメートル以上の深さまで耕せるようになった。

5月になったら、いよいよ田植えがスタートする。田んぼに水を入れたあと、土の表面を平らにして水の深さを揃え、田植えをしやすくするために代かきを行ったあと、苗を田んぼに運んで田植え機にセット。かつては重労働だった田植えも機械化が進んで飛躍的に効率化した。その労働時間は手植え時代の5分の1にも短縮された。

6~8月頃までは、稲を守り育てる時期。苗から新しい根が出るまでの目安は5日~7日。苗がしっかり根づいたら、日中は浅水、夜間は深水にして稲の生長を促す。そのほか、雑草から稲を守ったり、根が土の中でのびのびできるように田んぼに溝をほったり、田んぼの水をぬいて土を乾かし、根の伸びを促したり、肥料を与えたりする。病虫害から守るための農薬散布や、雑草が生い茂る前に除草剤を散布するのもこの時期だ。

9~10月は稲刈りを行う。穂が出そろってから、およそ40~45日経つと、稲は黄金色の成熟期を迎える。刈り取りをはじめるには、穂が出てから積算温度（穂が出てから毎日の平均気温を足した気温）が、ほぼ1000度に達し、青いもみの割合が全体の15~20パーセントで、もみの中の水分が25パーセント前後であるというのが収穫時の目安となる。コンバインを使って、稲の刈り取りと脱穀を同時に行うのが一般的である。

その後は、もみを乾燥させる。自然乾燥の場合は、天日でおよそ20日ほどかけてから脱穀。機械乾燥の場合は、乾燥機や大型の乾燥施設を使って行う。最新のものはすべてコンピューターで一括管理され、安定した状態で貯蔵できるので、品質の向上につながっている。そのようにしてつくられたお米はもみすり機で玄米ともみ殻に分けられ、出荷されたのち、精米機にかけられて、小売される。

コシヒカリは福井県で生まれた!?おいしい米を生む品種改良

コシヒカリと聞くと、すぐに新潟県を思い浮かべるが、その歴史を紐解くと、福井県とも深い関わりがある。しかも、このコシヒカリ、かなり運に恵まれている。

コシヒカリが誕生したのは、戦時中の１９４４年のこと。新潟県農事試験場で、母親である農林22号と父親である農林１号を人工交配させて誕生した。しかし、職員の出征や労働力不足により栽培ができず、育成種を保存することとなった。幸い、種子は戦火をまぬがれ、１９４８年、長岡農事改良実験所が選抜した65株のうち20株が福井農事改良実験所に引き継がれて、育成が続けられた。その年の6月に、福井県はマグニチュード7・1の地震に見舞われるが、長岡農事改良試験所から引き継がれた20株は奇跡的に被害を免れた。

しかし、開発当初のコシヒカリは、食味や品質はよいものの、稲の丈が長くて倒れやすく、いもち病に弱いという欠点があり、育成した石墨慶一郎氏は廃棄しようかと迷っていたという。しかし、味の良さが認められて、１９５５年に新潟県が奨励品種として採用。翌年にはコシヒカリとして品種登録が行われ、以降、全国各地に普及していった。

日本人の米に対するこだわりは、全国各地で品種改良が盛んに行われていることからもよくわかる。美味しく、寒さに強く、病気に強く、収穫時期が早く、風などで倒れにくく、炊いた時の見た目が美しいといった性質を保持できる米をつくるために、日々研究が重ねられてきた。

品質改良の流れとしては、「美味しくて寒さに強い」など、どんな性質をもったお米をつくるか、まずは方向性を決めることからはじめる。その後、かけ合わせる品種を決定し、実際に育てる。その育てられた稲のなかから、目標とする性質をもったものを選び、どれくらい寒さに強いかを調べる耐冷性検定試験や、いもち病への抵抗性を調べるいもち病抵抗性検定試験、香り・味・粘りなど美味しさについて調べる食味試験など、様々な試験を行う。すべての試験において合格点が出たら、種苗法に基づく品種登録の出願を農林水産省に提出する。審査に通れば、新しい品種として正式に登録される。

改良には多くの時間と労力がかかるが、病害虫に強い品種に改良すれば、農薬の使用量を減らすことができ、倒れにくい品種に改良すれば栽培コストが軽減できるなどのメリットがある。「コシヒカリ」をはじめ、現在栽培されている「ひとめぼれ」「あきたこまち」などの品種の多くが、もともと日本にあった米を親として、長い時間をかけて改良された品種である。そして現在も、その改良は地道に続けられている。

米づくりに活躍している農具や農機はここまできている

昔はすべて手作業だった稲作も、機械化が進んだことで作業効率が格段によくなっている。1960年頃までの稲作は、家畜や人による労働が主で、作業労働時間も当時174時間程度かかっていたが、機械化が進んだ現代は35時間程度になっている。

米づくりに必要な機械は様々だ。苗を育てるための種まき機および育苗機、田おこし、しろかき、堆肥をまくためのトラクター、田植えを行うための田植え機、農薬をまくための動力防除機、稲刈りを行うためのコンバイン、収穫した稲を乾燥したり、もみすりしたりするための乾燥機およびもみすり機などがある。

機械にもいろいろな種類や大きさがあり、価格はその機能や大きさによって異なってくる。どの大きさの機械を買うかは、所有する田んぼの大きさでおおよそ決まる。値段の高い機械は何軒か農家が集まって共同買いするケースも少なくない。

農業機械メーカーは、大手は上場企業から、零細では個人経営に近いものまで様々。大手企業はマーケットの大きい稲作用の機械が主流で、中堅以下のメーカーは作物別に特化した機械を製作していることが多い。日本の農業機械は性能がよいと中国や東南アジア諸国でも評価が高い。

現在の農業機械の開発方向は省力化とハイテク化だ。農家の高齢化が進んだため、高齢者でも簡単に扱えて力仕事を必要としない機械に人気が集中している。また、ハイテク化によって、従来なら熟練した技術を持つ人しか使えなかったような機械が誰にでも使えるように改良されている。一方で農業機械は、年間稼働日数が少ないため、他業界で使われる機械と比べてコストが高く、農家を悩ませている。

近年では、人工衛星を使った収量予測など、収穫管理にGPS技術が使われている機械も登場。現在、準天頂衛生初号機「みちびき」を使って、無人で動くロボット化した農業機械の研究などが進められている。農機が自分の位置を正確に知ることで、自動走行できるだけでなく、自分がすべき作業を認識して遂行することも可能で、たとえば、コースから外れたら自動修正したり、場所ごとに適切な量の肥料や農薬を散布したりすることができる。農機の自動化以外に、このような情報に基づいて作業する「IT農業」（126ページ）は、日本ではまだはじまったばかりだが、アメリカやヨーロッパ、オーストラリアでは、ほとんどの農機にGPS受信機が搭載され、機械が自動的に肥料や農薬をまく。手放し運転システムもかなり普及しているというから、驚きである。

169
意外な真相？驚きの事実！
裏も表もわかる日本史〈戦国編〉
誰もが知っているあの武将、あの戦の驚きのエピソードと舞台裏を、正史と対比して解説。石ノ森章太郎画の名場面と一緒に楽しめる！
加来耕三 著 石ノ森章太郎 画
ISBN 978-4-408-11023-3

134
新説 真田三大ミステリー
真田幸村の故郷・信州真田の郷で、真田三代にわたる新事実が続々と発見されている。謎多き真田三代の源流に時代考証家の著者が迫る。
山田順子 著
ISBN 978-4-408-10962-6

084
知れば知るほど面白い
朝鮮王朝の歴史と人物
イ・サンやトンイなどテレビドラマで人気沸騰の朝鮮王朝史。歴史的事件や人物の時代背景をわかりやすく解説。面白エピソードも満載。
康熙奉 著
ISBN 978-4-408-10899-5

129
知れば知るほど面白い
「その後」の三国志
孔明の死後から晋の樹立まで、三国志の「その後」には意外と知らないエピソードが多くある。壮大な歴史ドラマの本当に面白い最終章！
渡辺精一 監修
ISBN 978-4-408-45412-2

006
知らなかった！驚いた！
日本全国「県境」の謎
青森県が北海道にあった？ 富士山頂は静岡県でも山梨県でもない？ 26都県に県境未定地がある？ 日本最大の謎、県境に鋭く迫る快著！
浅井建爾 著
ISBN 978-4-408-10712-7

132
京都通になる100の雑学
京都旅行が10倍楽しめる本
寺社の「なるほど！」なエピソード、街角に潜む京都人だけが知る秘密、古都ならではの伝統の美味など、千年の魅力を紹介。
清水さとし 著
ISBN 978-4-408-00844-8

246
地理・歴史・文化・鉄道 日本列島どこが一番？
あっぱれ！なんでも日本一100
自然、文化、市町村、歴史と、他ジャンルにわたって、気になる「日本一」を徹底調査。
浅井建爾 著
ISBN 978-4-408-

JIPPI Compact

020
意外に面白い！簡単に理解できる！
英語対訳で読む日本の歴史
「開国＝open the country」。中学英語で日本史を説明。知らないうちに英語がうまくなり、日本史が好きになる！
中西康裕 監修 Gregory Patton 訳
ISBN 978-4-408-10740-0

058
流れがわかる！すんなり頭に入る！
英語対訳で読む世界の歴史
世界史の基本が日本語と中学レベルの英語で読める！ 学習歴史マンガの第一人者ムロタニ・ツネ象氏のマンガも楽しめる。
綿田浩崇 監修 Lee Stark 訳
ISBN 978-4-408-10838-4

045
伝えたい"ニッポンの心"！
英語対訳で読む日本のしきたり
意外と知らない日本独自の慣習・ならわし・行事・作法…の由緒が明快な日本語解説と中学レベルの「対訳」英語でらくらく読める！
新谷尚紀 監修 Andrew P. Bourdelais 訳
ISBN 978-4-408-10774-5

076
ちょっとわかればこんなに役に立つ
中学・高校数学のほんとうの使い道
日常生活での数学の役立ち方をわかりやすく解説しながら、数・公式の不思議な魅力をひも解く一冊。数学嫌いの人もスイスイ読める！
京極一樹 著
ISBN 978-4-408-45322-4

164
いっきに！同時に！
化学もわかる物理
エネルギーの概念や化学反応・分子構造など、化学&物理の共通項をやさしく解説しつつ、そこからそれぞれの学問の魅力を表現する。
京極一樹 著 手塚治虫 画
ISBN 978-4-408-45464-1

201
マンガでわかる
営業に向かない…と思っている人のための営業心理学
「人付き合い」に関する誤解を解き、心理学のノウハウで営業力をアップ。全編ストーリー漫画。
渋谷昌三 監修 渡辺保裕 作画
ISBN 978-4-408-33514-8

014
モタさん流「心のゆとり」のつくり方
「もう疲れた」と思ったときに読む本
頑張りすぎて、無理を重ねていませんか？ 仕事、人間関係、健康、時間…心の余裕を取り
斎藤茂太 著

人気ランキングBest 10

集計期間 2013/11 ～ 2015/10
自社調べ（書店のPOSデータより）

175 刑事ドラマ・ミステリーがよくわかる
ISBN 978-4-408-11042-4

1 警察入門

オフィステイクオー 著

刑事や鑑識、いろんな役職や組織、どこまで本当？ 階級や組織がわかれば警察ドラマを一段と楽しめる

119 いっきに！ 同時に！
ISBN 978-4-408-10935-0

2 世界史もわかる日本史

河合 敦 監修
手塚治虫 画

日本が卑弥呼の時代は中国では三国志の乱世だった！…ほか、日本史を世界史との関わりをもとに、わかりやすく紹介

191 地図・地名からよくわかる！
ISBN 978-4-408-33511-7

3 京都謎解き街歩き

浅井建爾 著

先斗町と書いてポント町？ 西陣・西院があって、東陣・東院がない？ 等、知ってそうで知らない謎に答えます

199 タイプに合った動きで最大限の力が出せる
ISBN 978-4-408-33117-1

4 4スタンス理論

廣戸聡一 監修
レッシュ・プロジェクト 編

話題の4スタンス理論の提唱者が理論が生まれた背景、その内容を分かりやすく語る。

168
ISBN 978-4-408-33004-4

5 9割のゴルファーが知らない上達の近道

角田陽一 著

思うようにゴルフが上達しない理由をカラダの使い方、コースの攻め方、気持ちのつくり方から分析しストーリー化

195 どう言う？こう解く！
ISBN 978-4-408-11079-0

6 英語対訳で読む「算数・数学」入門

マイプラン 編
Gregory Patton 訳

算数・数学の基本が英語で表現できて、英語で解ける入門書！

198 知れば知るほど面白い
ISBN 978-4-408-11080-6

7 地理・地名・地図から読み解く世界史

宮崎正勝 監修

地理に関わる40の「謎」から世界の歴史が大づかみできる本！ 4大文明から世界大戦後の現代まで、重要事項をもれなく解説

136 いちばんわかりやすい
ISBN 978-4-408-10973-2

8 北欧神話

杉原梨江子 著

オーディン、トール、ワルキューレ、ロキ。極北の神々が迎える最終戦争とは!? 欧州文明の中に脈々と伝えられたキリスト教以前の物語

140 むずかしい知識がやさしくわかる！
ISBN 978-4-408-10974-9

9 英語対訳で読む「経済」入門

大島朋剛 監修
Elizabeth Mills 訳

平易な英語と日本語の対訳で読める「経済」の入門書。知っているようで、きちんと説明できない経済のしくみが明快になる

189 知れば知るほど面白い
ISBN 978-4-408-11068-4

10 戦国の城 攻めと守り

小和田哲男 監修

恐るべき策略と罠！ 強固な守りを誇った戦国時代の城をめぐる攻防戦を、城郭の構造、立地、攻・防両者の戦力などデータで読み解く

74

「その後」のお殿様

知れば知るほど面白い! 江戸300藩の歴史

ISBN 978-4-408-45581-5

江戸から明治へと時代が変わる時、江戸300藩の藩主たちは
どのように新時代を迎えたのか?
意外と知らないエピソードが満載!

山本博文 監修

75

東武沿線の不思議と謎

ISBN 978-4-408-11159-9

東武鉄道の各沿線とその地域にひそむ不思議をひも解くとそこには思わぬ背景が!
読めば普段見慣れた風景が変わって見えてくる一冊。

高嶋修一 監修

73

飛行機はどこを飛ぶ?

航空路・空港の不思議と謎

ISBN 978-4-408-11160-5

飛行機の航路には「道」もあるし「通行止め」もある?
目に見えない空中に定められた飛行機のルールを知れば空の旅は一層楽しい!

秋本俊二 監修
造事務所 編

69

マンガでわかる

量子の黙示録

ISBN 978-4-408-11139-1

ストーリーマンガとして面白く読める量子物理学の入門書。
マンガを読むだけで最先端の物理学の知識がわかる。萌える物理学本!

広瀬立成 著
しょうっちくん 画

67

軍艦島 奇跡の産業遺産

ISBN 978-4-408-11146-9

40年前に閉ざされたままの軍艦島。
世界遺産「ではない」部分が醸し出す強烈な存在感を主軸に軍艦島とその生活を説く本。

黒沢永紀 著

64

いっきに! 同時に!

世界史もわかる日本史 <人物編>

ISBN 978-4-408-45559-4

河合敦 監修 **手塚治虫** 画

日本史と世界史の同時代に意外な人物たちが活躍していた!
えっ! 卑弥呼の登場は中国では「三国志」の時代って、ホント?

256

日本刀と武士 その知られざる驚きの刃生

今に伝わる名刀を実際に使用していた
武将の逸話とともに紹介。
日本刀と武士、それぞれの
驚きの刃生を紐解く!

二木謙一 監修

ISBN 978-4-408-45553-2

2

阪急沿線の不思議と謎

ISBN 978-4-408-45549-5

阪急電鉄とその沿線地域にひそむ不思議をひも解くと、
そこには思わぬ背景が! 読めば普段見慣れた風景が
変わって見えてくる一冊。

天野太郎 監修

247

最新装備と自衛官のリアルに迫る

自衛隊入門

ISBN 978-4-408-11124-7

ブルーインパルスはなんのため? 災害派遣、海外派遣、
日常の訓練の実際はどんな? 自衛隊の基本と
自衛官の姿をリアルに紹介。

宮本猛夫 著

実業之日本社 〒104-8233 東京都中央区京橋 3-7-5 京橋スクエア
電話 03-3535-4441(販売本部) http://www.j-n.co.jp/

【ご購入について】お近くの書店でお求めください。書店にない場合は小社受注センター
(電話 048-478-0203)にご注文ください。代金引換宅配便でお届けします。 2015年12月現在

米づくりだけではもったいない 農業再生の要は「水田の高度利用」にあり

食生活の変化で日本の米の消費量が減り、米が過剰になるなかで、農家は苦境に立たされてきた。同時に、小麦・大豆など需要の大きい穀物や油糧作物の自給率が低いのは先に述べたとおりである（48ページ）。そのように、並行する二つの窮状を同時に打開する策として、水田の高度利用は有効な手立てだと考えられている。

水田の高度利用とは、水田のもっている潜在的能力を最大限に活かし、水田を1年間フルに活用していくことを指す。具体的には転作を行うことで、麦、豆、牧草、園芸用作物といった米以外の農産物生産量の向上も目指そうという試みだ。

1978年以降は、米の生産量を調整する減反政策の一環として、国が転作作物に助成金を出すなどして推進してきた。しかしながら、うまく機能している地域は限られている。2010年の農林水産省農林水産技術会議事務局の報告によると、水田面積約250万ヘクタールのうち、冬の間も活用された冬期作付け面積はわずか約20万ヘクタール。9割以上の田んぼが冬場は休んでいることになる。

では実際、水田の高度利用を成功させるためには、どのような課題があるのだろうか。まずは、稲作を行わない冬期の水田利用に適した作物品種の開発を実現するという課題がある。２０２０年の小麦の生産努力目標は１８０万トンで、これは２０１４年の生産量85万トンを倍増させなければならないことになる。

なかでもパン、中華めん用の小麦は国産シェアが1パーセントに満たない。そこで寒さに強く、品質面でも外国産に負けない国産品種の開発には転作用作物としての期待がかかる。

あわせて、畑作にも汎用するために土地改良という課題がある。具体的には水田特有の湿害対策などだ。排水不良などが解消されなければ、商品になる農産物が育たないが、これには設備導入のコストの問題があるだろう。

２０１３年11月には、２０１８年に減反政策を終了するという発表があった。加えてTPP大筋合意で今まで聖域だった米の市場に海外から安い米が入ってくる。そうすると今後、農家はますます米で不足する分の収入をどう補うかが肝要になる。水田の高度利用のほかにも、田んぼは自然環境を維持するうえで多面的機能を備えており、そうした機能を維持していくことが重要となる。打開策となる次の一手が望まれる。

農業・農村の多面的機能は８兆円！

農作物の生産の場である農村は、農業を継続することで私たちの生活に様々な付加価値をもたらしている。

たとえば、①畔に囲まれた田畑は雨水を蓄える働きで洪水を防ぎ、②斜面の田畑は降雨時の地下水位の急上昇による土砂崩れを防ぐ。③水田は風雨から土壌を守り、土が下流域へ流出していくのを防いでいるし、④排水路から河川に戻る水や地下へ浸透していく水は、河川の流れを安定させている。⑤地下へ浸透した水は良質な地下水として、下流域の生活を支える。また、都会ではヒートアイランド現象が問題になって久しいが、⑥田畑からの水分の蒸発や作物の蒸散は空気を冷やし、気温上昇を抑える効果もある。他にも自然と調和しながら農業を続けることで、⑦豊かな生態系がつくられ、生物が保護される。⑧田園風景を維持することは美しい景観を保全し、⑨農業にもまつわる伝統行事や祭りも継承されてゆく。そうした⑩農村が私たちに癒しをもたらす効果があり、⑪子どもたちの教育の場としても機能する。これらの付加価値をまとめて「農業・農村の多面的機能」と呼んでいる。

農林水産省の試算によると、農業・農村の多面的機能の価値は８兆円以上にも上ると考えられている。特に洪水の防止機能は約３兆4990億円、河川流況安定機能は１兆4630億円、保健休養・やすらぎ機能は２兆3760億円もある。こうした価値をきちんと活用していくことは農村と農業の発展のみならず、私たち全体の豊かさにつながっていくので、現在は全国各地で様々な取り組みが行われている。耕作放棄地の再利用へ向けた取り組み、農業体験やグリーンツーリズムにちなんだ取り組み、メダカやホタル、コウノトリなどの生物と共存しながら農作物を栽培する取り組み、障がい者や高齢者の雇用を支援する取り組み、新しい地域農産物のブランディング、水質改善への取り組み、などそのアプローチも多様である。

2014年からは、農林水産省農村振興局による「多面的機能支払交付金」の制度もスタートし、農地や環境資源を維持する活動や、脆弱化にさらされている中山間地域の農業活動、減農薬などで環境保全型農業を実施する活動をしている組織に交付金が給付されている。５年以上の活動期間を原則とし、事業計画を作成して申請することが条件だ。

うどん、パン、ビール……様々に加工される「四麦」

麦は古くから、世界でも、そして日本の食文化においても、もっとも重要な食糧の一つである。麦のすごさは、パンやうどんなどの主食はもちろん、菓子類などの嗜好品、ウィスキーやビールなどのアルコールにいたるまで、その用途の幅広さだろう。

様々に利用される麦は主として四つに分類される。まずは、大麦と小麦に大別され、大麦はさらに六条大麦、二条大麦、裸麦（六条裸麦）に分類される。そして、**「小麦」「六条大麦」「二条大麦」「裸麦」を総称して「四麦《よんばく》」と呼ぶ。**

小麦はタンパク質の含有量によって用途は分かれ、薄力粉などタンパク質が少ないものはパスタや菓子類などに利用される。中力粉は日本めん（うどん）に、タンパク質が多い品種はパンや中華めんなどに利用され、強力粉として販売されている。六条大麦は古くから食糧として親しまれ、現在は主に麦茶や麦飯に利用される。二条大麦は主にビールや焼酎の原料になる。日本には明治時代にビールの原料として移入された。裸麦は六条大麦の突然変異によりできた品種で、主に麦飯や麦味噌などに使用される。

このように、四麦は日本の食糧事情の中核となっているが、約9割を輸入に頼っている。極端な自給率の低さには、いくつかの理由がある。

まずは小麦の品種と食の欧米化のミスマッチがある。日本では日本めん（うどん）に適した中力粉となる品種を主に栽培し、パンや中華めんに適した品種は北海道の単収が低い春まき品種などに限られていた。ところが、食の欧米化によって強力粉や薄力粉の需要が増えたため、現在はパンや中華めんに適した品種の研究、改良を重ねているところだ。

また、米の過剰生産を抑制する名目で１９７０年に施行された減反政策は、麦の生産に大きな影響を及ぼした。麦は稲と二毛作で栽培されてきた。たとえば、裸麦は１９６９年の収穫量は27万４２００トンだったが、わずか三年後の１９７２年には収穫量７万４４０0トンまで激減している（農林水産省「作物統計」）。

そして生産コストの高さだ。２０１０年産の小麦では、国産小麦の生産費は１キロあたり１８７円である。これに対して、輸入小麦は仕入れ価格に30パーセントを上乗せ（マークアップ）しても、キロ58円程度である。現在は国産小麦の取引価格を輸入小麦と同等に抑えた生産費との差額を輸入小麦のマークアップ差額で補てんをしている。

日本の麦農家は儲からないのだ。国は保護だけでなく、生産コストを抑える方法を見出さないと、今後、国際貿易のなかで国産麦農家はより厳しい立場に立たされるだろう。

「農業」とひとことでいえども、方法はいろいろ
野菜・果実づくりの一年

野菜づくりは、種蒔きから収穫まで、種類によって栽培方法が違う。野菜それぞれに特性や弱点がある。また、生産地の気候風土や季節によっても生育のあり様は変わってくる。代表的な野菜づくりの一年間を紹介する。

トマト――意外と手間ひまかかる定番野菜

夏野菜の代表格であり、アンデス山脈の高地が原産地であるトマトは、暑さと湿気に弱い。しかも、病気や害虫に弱く、連作障害も起こしやすい。連作障害とは、同じ種類や同じ仲間の野菜を連続して同じ場所でつくると、まともに育たない現象をいう。そこで、病害虫や連作に強い野生種トマト（台木）の茎をかませて結合させる「接ぎ木」が行われる。

2月頃にポットに種を蒔き、芽が少し生長したら接ぎ木作業をする。寒い間はハウスで温室栽培し、4月に最初の花が咲く頃、畑に植えかえ支柱を立てる。そして、最初の花に実がつかないとその後も実成りが悪くなるため、最初の花のみ一度だけホルモン剤を吹き

つける。その後は、脇芽を摘み、生長に不要な葉や枝を切断（摘心）する作業を、すべての収穫が終わる8月末頃まで毎日繰り返す。トマトは雨で実が痛むため、完全ハウス栽培も多い。肥料の配合などにも敏感で、栽培は意外とむずかしく手間ひまかかる野菜なのだ。

ホウレンソウ——甘味と栄養価を高める「寒締め」とは

ホウレンソウは寒さに強く、栽培は春蒔きと秋蒔きが主流だ。10月蒔きなら1月から2月に収穫される。ホウレンソウは酸性土壌にとても弱いため、種蒔き前に土中のpH値を整える土づくりが重要になる。また種はとても小さく、発芽後の間引きの手間を省くため、水に溶けるテープにあらかじめ等間隔に種がつけられている「シードテープ」を利用することが多い。収穫は背丈が20センチ程度になったら行う。生育適温は15～20度だから、冬はビニールトンネルでの栽培も多い。しかし、収穫直前にはホウレンソウを5度以下の冷気にさらす「寒締め《かんじ》」をする農家も少なくない。寒締めにより糖度が上がって甘く濃い味わいになり、ビタミンCをはじめにビタミン類の栄養価がアップする。そして、5度以下では生育が止まるため、収穫作業に余裕ができる利点がある。ホウレンソウなどの葉菜類は、葉や茎がやわらかい未熟な時期に収穫したもの。収穫せず生長させれば、背丈は1メートルを超える高さまで生長する。

ジャガイモ――日光に当てると食中毒の原因になる

ジャガイモの生育適温は15～20度で、春植えと秋植えがある。種になるイモは検査に合格し病気の心配がない健康なものを利用する。植え付けは、畝《うね》のあいだに切り口を下にした種イモを均等に並べ、浅く土をかけて肥料を施す。2週間後に追肥を行い、さらに約2週間後1カ所に芽吹いた複数の芽から一つを残して、ほかは地中にハサミを刺して切る「芽かき」をする。植え付けから約1カ月半でイモが地表に出てくるので、日光に当てないようたっぷりと土をかぶせる「土寄せ」作業を1～2回施す。ジャガイモは芽や太陽に当たって緑色に変色した部分にはソラニンやチャコニンという有毒物質が含まれる。だから太陽に当ててはいけないのだ。植え付けから3カ月後、葉が黄ばんできたら収穫どき。収穫後も日の当たらない場所で寝かせる。ちなみに男爵イモの名前の由来は、この品種を日本に輸入して植えた川田竜吉男爵からとったものである。

大豆――植えると土を活性化させる不思議な力

大豆は、醤油、味噌、豆腐など日本の食文化そのものを形づくる。生産地としては北海道が有名だが全国的に栽培できる。一般には4～5月にかけて種を蒔き、7～8月頃、収穫を迎える。豆を土に植えるとカラスなどの野鳥が食べてしまうため、種はマットやポットなど、目の届く場所で発芽を待つ。2週間後に肥料を施せば、その後は収穫までほとんど手がかからない。若いうちに収穫すれば枝豆として楽しめる。

大豆をはじめマメ科の植物は、土中の気体にある窒素を根に付着した「根粒細菌」という微生物を通して吸収することで生長し、一方で生成された糖などの光合成物質は根粒細菌を通して土中に出ていき土壌を肥やしていく。

リンゴ――果実に袋かけをしなくなった

東北のリンゴ栽培の場合、12~3月の休眠中に整枝剪定を済ませ、4月頃に肥料を投入する。5月頃、花が咲いたら人工受粉を行う。花がしぼみ幼果がついたら生育期間中に二度くらい実を間引く摘果作業をして、残した実に栄養を集中させる。9月頃リンゴが色づきはじめたら日光がよく当たるよう果実の周りの葉を摘み、11月頃に収穫を迎える。この時期いちばん厄介なのは台風だ。収穫間近の実は重く、強風ですぐ落ちてしまうため毎年のように被害が出ている。リンゴは害虫や病気にも弱く、手入れも多いために栽培にはとても手がかかる。以前は幼果に袋かけをしていたが、今はあまり行なわれなくなった。人工授粉も手作業からミツバチに任せる方法を取り入れる農家が増えた。

エサ場を求め動物が農村に下りてきた拡大する近年の「鳥獣被害」

シカやイノシシなどの鳥獣による農作物への被害額は、毎年約200億円とかなり深刻な状況にある。シカ、イノシシ、サルによる被害は特に大きく、全体の約7割を占め、国内のほぼ全県が1000万円以上、32道府県では1億円以上の被害を出している。

こうした鳥獣被害は今にはじまったことではない。しかし、この20〜30年で鳥獣の個体数は激増しており、環境省の資料によると、イノシシでは1989年、約30万頭だった推定個体数が2011年には約88万頭、ニホンジカでは、1989年は約30万頭だったが、2011年には約249万頭（北海道以外）と大きく跳ね上がっている。増えた鳥獣は田畑を荒らし、糞を撒き、時には人が襲われるなど、被害が拡大している。では、鳥獣被害がここまで増えた原因は一体何だろうか？

一つは、山間地での人口減少があげられる。鳥獣が人が暮らす集落までやってくるのは、そこでエサが安全に食べられるからである。エサには農産物や家庭菜園など食べられたら困るものと、生ゴミ、収穫しなかった農産物、野生の植物など食べられても困らないものがある。人口減少で耕作放棄地が増えると、収穫しないままの農産物を放置したり、雑草が生い茂るままに任せたりすれば、それらを求めて野生動物が集まってくる。残された農家もそうした度重なる鳥獣被害に生産意欲を失い、さらに耕作放棄地は増え続け、鳥獣被害が拡大するという悪循環に陥っている。

また、狩猟業の衰退も見逃せない。猟師は鳥獣の急増と反比例するように減っており、狩猟免許の所持者数は1975年には約51万人いたが、1995年までに半減し、2012年には約18万人にまで激減している。平均年齢も60歳ときわめて高齢だ。

皮肉なことに、シカの保護など自然保護の動きが鳥獣被害を増大させた側面も否めない。

鳥獣被害対策として、国は事業予算95億円（2015年度・補正予算別）を計上し、2023年にはシカ・イノシシの数を、合わせて210万頭まで半減する10カ年計画を掲げている。市区町村の権限を強めて、鳥獣予防に重要な捕獲などによる「個体数調整」と、電気柵などによる侵入防止や追い払いで実被害を回避する「被害防除」、野生動物の生息を適宜確保し、人と野生動物の境界線を守る「生息環境管理」の三つを柱に総合的な取り組みが行われている。

そのほかにも、民間の狩猟団体を活用したり、捕獲後はジビエと呼ばれる野生動物の料理に食肉として利用するなど、新たな取り組みも成果を上げはじめている。

不作の年を農家はどのように乗り切るか

野菜や果実が大きく値上がりすれば、途端に消費者の生活を直撃する。私たちは、野菜の売り場だけでなく、惣菜売り場や外食時など、いたるところでその影響を体感する。農作物が値上がりする原因は、日照不足などの天候不順や自然災害による農作物への直接的被害のほか、最近では石油価格の高騰も大きな問題になっている。

また、豊作による価格暴落や捌けない野菜の廃棄処分が生産者の首を絞めることは、「豊作貧乏」という言葉で述べたが（73ページ）、生産者が資金繰りの危機を招くことは、中長期的には私たち消費者にも跳ね返ってくる問題である。

第一次産業であるかぎり常につきまとうこのような問題について、生産者や市場への影響をなるべく抑えて安定させることは重要であり、国、都道府県、農協（JA）や各団体は共同あるいは単独でセーフティーネットを用意している。

「指定野菜価格安定対策事業」は、国が運営し独立行政法人農畜産業振興機構が事業主体となり、供給過剰時などに適用される補償制度だ。国と都道府県、生産者（団体）が6対

2対2の負担割合で資金を積み立て、生産者（団体）は交付予約数量を事前に予約しておくと、出荷価格が平均価格（直近6年）の90パーセントを割り込んだとき、出荷数量に応じて差額が10パーセント刻みで補てんされる。最低基準価格（平均価格の60パーセント）以下は補てん外となる。野菜の価格が平年よりやや高騰した2013年は交付金額78億円だったが、大豊作により各地で過剰供給に陥った2006年度には、交付金額206億円にまで上昇している。この制度の問題点は、対象となる野菜の品目や産地、卸市場が限定されているため、不公平感が否めないことである。もとより農業は地域性が強い産業である。そこで、国や都道府県の補助により、都道府県・市区町村単位で、地域に合ったセーフティーネットも運営され、役割を果たしている。

このほか、施設栽培での加温などに使う「燃油価格高騰緊急対策」として、燃油使用料削減目標15パーセント以上の省エネ推進計画を策定した産地には、ヒートポンプなど省エネ設備のリース導入に50パーセント以内を補助、同時に重油がセーフティーネット発動価格を超えた時、差額の50パーセントを補てんする制度がある。加工・業務用野菜生産者への補てん制度は、時代によって変化する動向に合わせて、内容の見直しや新しい取り組みが行われている。しかし、既得権や農家の自立を妨害している可能性など、従来から指摘される問題は山積している。

第四章

日本の農業をとりまく環境と未来

冷夏でレタスの値段が高騰!? 予測できない気候・災害と日本の農業

日本は世界屈指の災害大国だ。外国に比べて、台風、大雨、大雪、洪水、土砂災害、地震、津波、火山噴火など、ありとあらゆる自然災害が発生しやすい国土である。2013年にスイスの保険会社が発表した自然災害の高い都市ランキングによると、ワースト1位が東京・横浜、4位が大阪・神戸、6位が名古屋となっている。

こうした日本の風土は、農業にとっては非常に不利な環境だ。だからこそ、日本は常に災害に強い農業を目指し、知恵を絞ってきた歴史がある。

地理的条件から台風や集中豪雨など自然の猛威にさらされやすく、県土のほとんどが風水害に弱い火山性特殊土壌に覆われている宮崎県は、毎年、農地や農業用施設に対する災害が発生。このため、災害に強い農業・農村をつくる農地や、農業用施設の保全・整備に力を入れている。

たとえば、特殊土壌地帯や急傾斜の保全のため、大雨を安全に流化させる排水路の整備を行って、農地の流失を防止している。県内約700カ所もあるため池も、農業用水の確保はもとより都市を守るため調整池としての役割を果たしている。また、農地を高潮、津波、波浪および侵食等による災害から守るため、海岸保全施設並びに海岸環境の整備を行っている。

しかし、どんなに知恵を絞って災害を抑えようとしても、**地球温暖化により作物の栽培適地が変化している**事実は否めない。この100年で世界全体では0・74度、日本では1・07度気温が上昇し、生態系に多大な影響を与えている。

たとえば、米の産地。以前はおいしくないと敬遠された北海道米が、国内で最もおいしいといわれるようになったのも、気温の上昇によって北海道や北東北が米の生育適地になったからだ。関東では数十年後、マンゴーが露地で栽培できるのではといわれている。

高原の涼しい気候を好むキャベツ、レタス、ホウレンソウなどは、現在の栽培地でこのまま気温が上がると、猛暑で生育障害や病気がおこり、見た目や食味が悪くなる。逆にエルニーニョの影響で、台風や冷夏が続く年は、夏野菜の生育は悪くなり、高騰する。

豪雨や洪水の増加、積雪の減少、水面の上昇、干ばつなど、温暖化との関連が疑われる異常気象が日本のみならず世界中のあちこちで起こっている現在。予測できない気候や災害とどう向き合うか。これから農家はますます厳しい時代を突き進まなければならないともいえる。

1粒1000円のイチゴは〝食べる宝石〟被災地で取り組んだ「サイエンス農業」

農業の現場にとっては遠い存在のように思われていたITによる農業革命が活発化するなか、農業とITの両業界から称賛の眼差しで見つめられている起業家がいる。

東日本大震災の際、海岸から最大で3・6キロメートルまで到達した津波により、多くの土地が被災した故郷・宮城県山元町で、1粒1000円の「ミガキイチゴ」を開発・販売し、産地復興に挑戦している農業生産法人GRAの岩佐大輝さんだ。

震災前、東京でIT企業を経営していた岩佐さんは、震災後生まれ故郷の宮城県山元町でボランティアを経験。地元が求めているのは産業であり、雇用機会であると考え、仲間とともに農業生産法人を立ち上げた。

2012年には、イチゴの栽培を本格化すべく、5億円を投じて巨大なハウスを建設。地元のイチゴ農家と協力しながら、温度、湿度、日照、水、風、二酸化炭素、養分などをすべてITで制御する「サイエンス農業」を開始した。

山元町の長い日照時間、昼夜の寒暖差、南西の風といった環境で育まれるミガキイチゴ

パッケージの美しい大粒のミカギイチゴ

は、イチゴマイスターによっていちばん美味しいタイミングで摘み取られる。品種のみならず、産地、栽培方法まで含めたブランディングで消費者の心をつかみ、都内のデパートで一粒1000円の値段がついて、人気を博している。

GRAはまた、雇用の創出にも力を入れている。日頃、東京の大企業で勤めている人たちに、ボランティアとして5パーセントだけ専門能力を提供してもらう枠組みをつくり、デザイン、PR、財務などの専門能力を得る仕組みを構築。GRAは、10年で100社、1万人の雇用機会を創出することをミッションとし、現在では、新規就農ビジネスや産地ブランドの開発や加工商品の開発も展開している。

新しい品種を生み出すバイオテクノロジーと農作物の知的財産権

遺伝子操作や細胞融合などの技術を駆使して品種改良を行い、農産物の生産や環境の浄化などに応用するバイオテクノロジー。交配による品種改良もバイオテクノロジーの一つとされている。原種野菜に対して、バイオテクノロジーを駆使することで、これまで様々な野菜が新たに誕生してきた。

たとえばキャベツの野生種からは、私たちに馴染みのある数々の亜種が生まれている。葉を大きくする品種改良によって、一般的に食べているキャベツや青汁の原料として使用されるケールが誕生した。また、花を大きくさせる品種改良によって、カリフラワーやブロッコリーが生まれた。カリフラワーやブロッコリーは、見た目がキャベツとはまったく違うため、なかなか想像できないだろう。また、芽の部分が球状になる品種改良によって、芽キャベツも誕生している。

日常の食卓には欠かせないトマトも、バイオテクノロジーの賜物だ。一般に野生のトマトは、実が小さくて固く、熟しても今の一般的なトマトのように赤くはならなかった。さらに毒も含まれているため、食べられないものもあったほどだ。

近年、DNA解析技術は飛躍的に進歩している。トマトに関しては、葉のDNAを調べることで様々な病気への抵抗性が簡単に判別できるし、キュウリの塩基配列(※)もほぼ解読されたといわれている。キュウリには雌花と雄花があり、雌花だけが果実となる。雌花を増やせば増産が期待できる。

こうした品種改良の結果生まれた農作物を守る権利に、「育成者権」と呼ばれるものがある。育成者権は1998年に改正された種苗法で保護される農作物を対象とした知的財産権だ。

品種改良で生み出された新しい品種の農作物は、種苗法に基づく登録を行うことで育成者に権利が与えられる。この育成者権は、いわば「植物の特許」であり、優先利用権・専用利用権などが権利者に与えられる。育成者権が侵害された場合は、侵害者に対して作物の廃棄を含めた侵害の差し止めを請求することが可能だ。

育成者権が新設されたのは、植物のもつ可能性が、発明に匹敵するほど重要であることが理由で、こうした権利が保護されることで、農作物の品種改良が進み、品種改良種の増加や、病気や害虫への抵抗力の強化、食味の向上などをもたらしている。

(※)DNAなどの核酸の塩基の並び方。遺伝情報を表す。

太陽光なし、土なしで、野菜を栽培する「植物工場」が増えている

テクノロジー技術を凝縮した「植物工場」が今、世界の食料不足や水不足を救う未来の農法として注目されている。

植物工場とは、施設内の温度、光、炭酸ガス、養液などの環境条件を自動制御装置で最適な状態に保ち、作物の播種、移植、収穫、出荷調整まで、周年を通して計画的に一貫して行う生産システムのことである。つくられる野菜の種類は、フリルレタス、クレソン、レタス、スイートバジル、グリーンリーフ、ロメインレタス、カラシ水菜など菜葉類が多い。

植物工場の起源は、1957年、デンマークのクリステンセン農場で、サラダ用カラシナ類のスプラウトを播種から収穫まで一貫自動生産を行った事例とされている。光源には太陽光とそれを補う人工光を併用する方法だった。

現在、植物工場のほとんどが土を使わずに養液栽培によって野菜を栽培している。養液栽培とは、肥料を水に溶かした養液により作物を栽培する方法で、根をその養液に浸して

育てる方法や根に養液を噴霧する方法、また土の代わりにロックウール（人工鉱物繊維）やピートモス（植物性の泥炭の一種）、ヤシ殻などの培地に作物を定植して育てる方法がある。養液栽培では土壌病害の心配がなく、耕起、施肥、除草などの作業が省ける。また生育期間が短い作物の場合、高い生産性が見込める。

作物が光合成を行うために使う光の照射方法で、閉鎖環境で太陽光を一切利用せずに、蛍光灯やナトリウムランプ、LEDなどで栽培する「完全人工光型」と、太陽光の利用を基本として、補光に人工光を使ったり、夏季の高温抑制技術などを用いて栽培する「太陽光利用型」の2つに大別される。日本施設園芸協会の調査によると、2014年時点で、全国に383カ所の植物工場があり、そのうち165カ所が完全人工光型だ。

こうした植物工場は、世界の水不足を救うという観点でも注目されている。世界において、特に農業で使う水不足は深刻だ。干ばつが増え、降雨量が足りず、地下水の枯渇が進み、水不足による農業生産力の低下は食料不足を招いている。

しかし、植物工場は水を再生利用することによって、こういった問題に対処できる。植物は一日に自身の重量の10倍近い水を葉から蒸散する。植物工場ではこの蒸散水が空調機から回収される仕組みになっており、水の使用量は収穫された植物に含まれる水の量とほとんど変わらない。

外部環境を農産物の生育に最適な条件に合わせることで、周年栽培、無農薬栽培、気象リスク回避といった様々なメリットがある。常に栽培が可能な環境に調整しておくことで、栽培期間を短縮でき、通常であれば年間に1、2回しか栽培できないレタスも、繰り返し栽培できるようになる。

こうした植物工場による野菜栽培は、日本だけではなく、世界各国に広まっている。自国産農産物に対する信用が低い中国では、農薬を使わない安全な栽培方法として、植物工場を選択する事業主が増えている。

アラブ首長国連邦やカタールなどでは、水不足に対応できるシステムとして注目されている。また、農地面積が著しく少ないシンガポールでは、農産物の自給率を上げる手段として考えられている。

かつては初期投資が大きく、数年前までは「植物工場は儲からない」といわれ、技術不足のために破たんする工場がいくつもあったが、現在、技術は商業化段階まで到達している。国内においても大規模プラントを中心に黒字化が進み、7~8年での投資回収も可能だ。アグリビジネスに参入する企業も盛んに植物工場を開設しており、経営側の期待がうかがえる。こうした面からも、植物工場は今後ますます広まっていくとみられている。

種類別植物工場数の推移

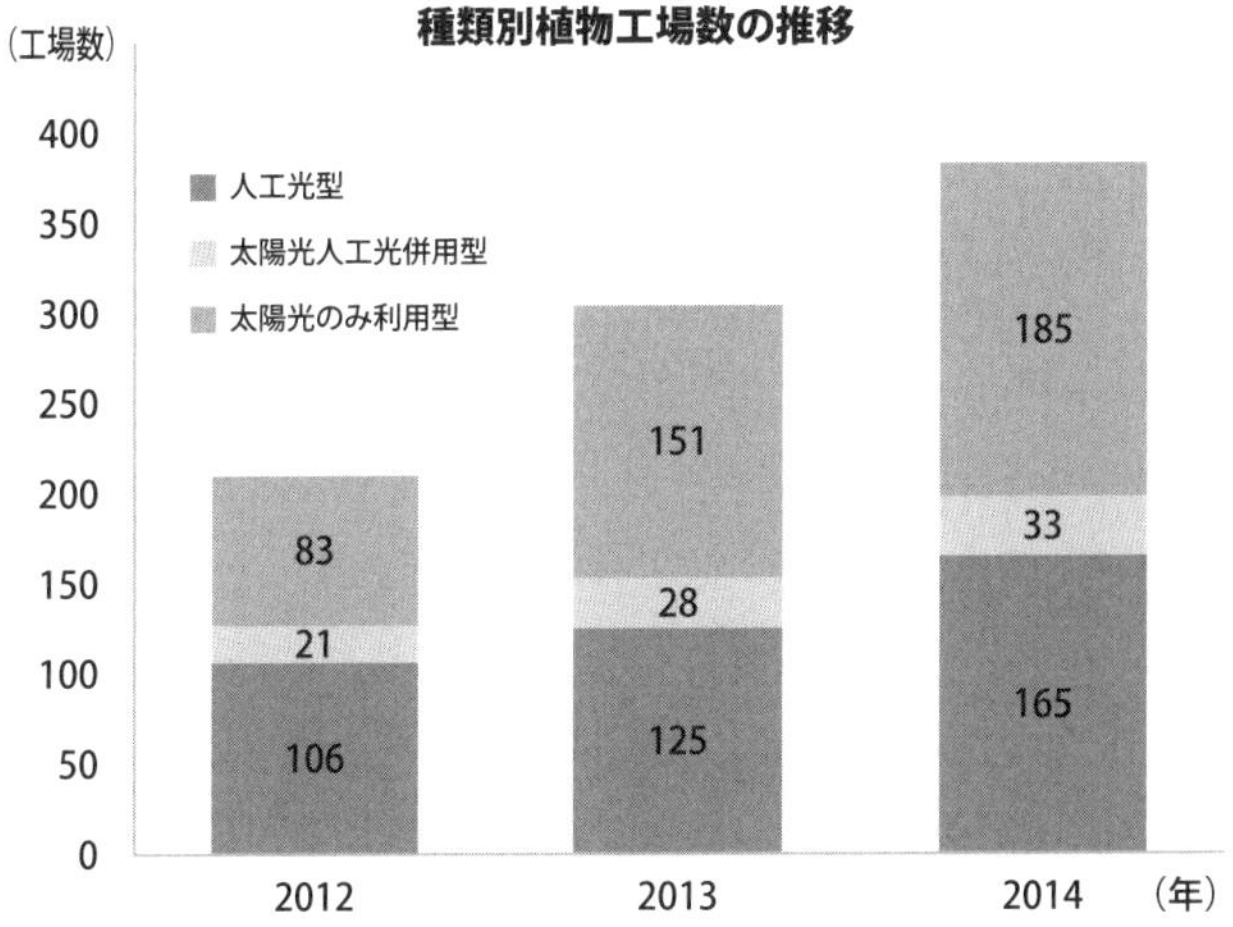

(参考:日本施設園芸協会)

植物工場をめぐるビジネス

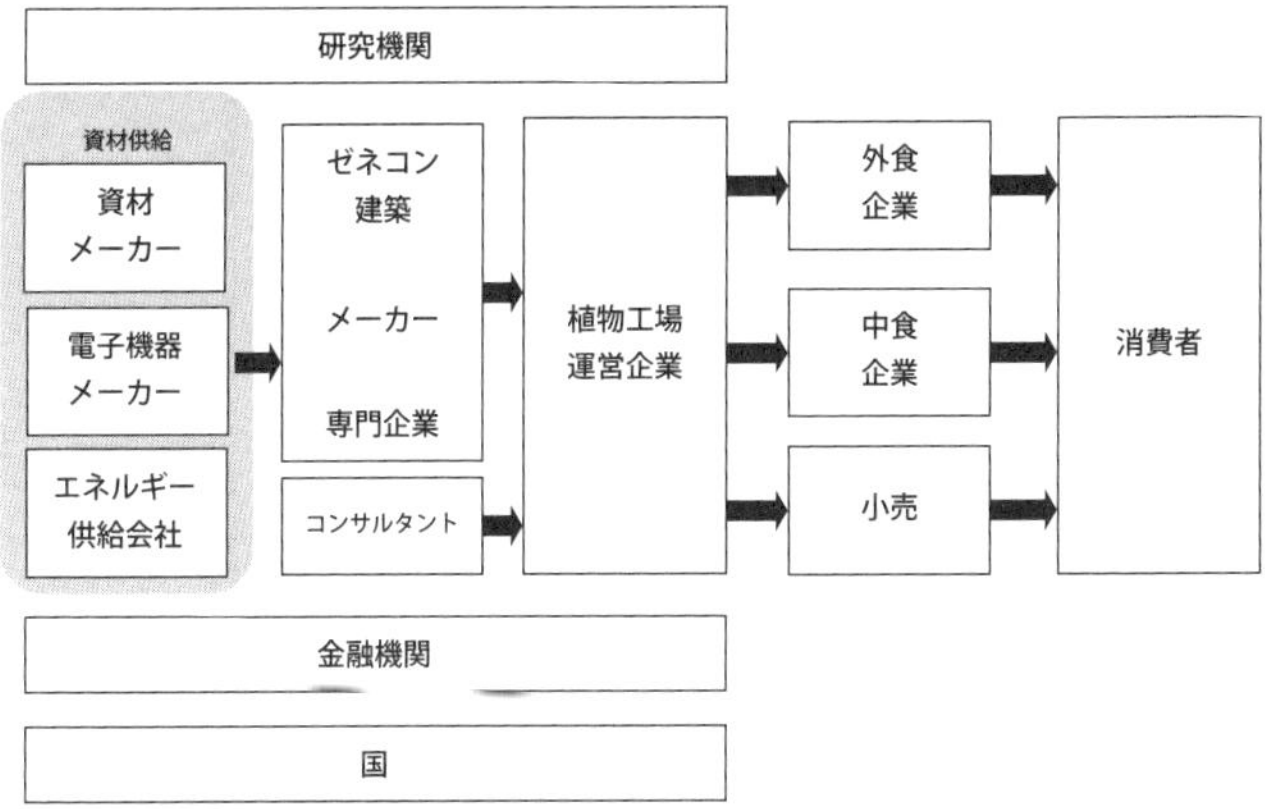

(出典:「植物工場ラボ」株式会社リバネス)

ＩＴで農作業を効率化する「スマートアグリ」はここまできている

農作業のノウハウは、経験によって培われる部分が大きく、習得に長い時間がかかるが、最近では「スマートアグリ」がその常識を変えようとしている。スマートアグリとは、コンピュータやスマートフォンなどのＩＴ機器を使って、農作業の工程を管理し生産を行うこと。ＩＴやロボット技術で省力化を図り、センサーなどを使用して情報を計測・数値化するセンシング技術などの活用によって、効率的に農作業を行うことができる。

スマートアグリの具体例として、イメージしやすいのが、栽培ハウス内の温度や照明をＩＴでコントロールして栽培する「野菜工場」などに導入されるシステムだろう。たとえば、大気の温度と湿度、日射量、土壌内の温度、水分量などを計測する子機を農地に設置する。それらのデータを受信するモジュールを内蔵した親機が、収集したデータをクラウド上で管理する。こうした農作物の生産にはじまり、その後は流通、販売管理など、農場経営にかかわる業務を支援するシステムを「農業クラウド」という。

多くの農業クラウドサービスは、〝利用した分だけ支払う〟手軽な料金体系により提供される。このおかげで、これまで大型システムの導入を断念してきた、日本の農業法人の大半を占めている従業員数十人未満の法人や農家に支持されて、急成長を遂げている。

手軽なクラウドを使ったスマートアグリの普及が進んでいるのは、小規模法人や農家が多い日本に限ったことではない。もっとも成功している国がオランダだ。オランダの国土面積は、日本の約50分の1で、耕地面積も就農人口も約4分の1だ。しかし、オランダの農産物輸出は日本の約30倍に相当する680億ドル（約8兆1400億円）で、アメリカに次いで世界第2位を誇る。黒字額だけをみれば、世界最高の250億円にものぼる。

この快進撃を可能にしたのがスマートアグリだ。植物工場における温度・湿度、養分の自動管理には、センシング技術やIOT（※）によるネットワーク技術が使われ、再生可能エネルギーを利用し、省エネを実現する。蓄積されたビッグデータはクラウド上で分析され、更新されていく。こうしたオランダのノウハウはパッケージ化され、世界各地に販売されている。オランダは、「国土が小さくても世界で稼げる農業」を実現し、その奇跡に世界が注目している。農業改革をアベノミクスの大きな柱に掲げる安倍政権は、2014年に温室栽培施設としてオランダ最大規模のグリーンポートを視察したところだ。

（※）Internet of things。情報機器以外にも様々なモノに通信機能を搭載し、情報などをインターネットに統合すること

畑に人がいない？遠隔操作ですべて完結する農作業の未来予想図

天候などに左右されてリスクが高いわりに、重労働という印象が否めない農業。しかし、近年ではITや技術の進歩で、取り巻く環境が激変し、そのイメージも変わりつつある。たとえば、人間は遠隔操作するだけで、実際の作業はロボットがすべて行う「農作業の無人化」が実現する日がやってくるかもしれない。スーツを着て農業を行う時代の到来だ。

農業機械総合メーカーのクボタは、現在、2018年を目標に、無人で農作業を行う「ロボット農機」の実用化に向けて動いている。就農者の高齢化で、10年後には確実に農作業の省力化や省人化が避けられない課題となる以上、数年内にはロボット農機が実用化しなければ話にならないと経営側が判断し、実用化に期限を設けた。また、2013年11月には農林水産省が、ロボット技術や情報通信技術を活用する農業を研究するための組織「スマート農業の実現に向けた研究会」を立ち上げ、農業法人のほか、トヨタ自動車、NTT、三菱電機、NEC、富士通、ヤンマー、井関農機、東京海上日動火災保険などの企業が参加している。ほかにもこの分野では北海道大学の研究が進んでおり、同大学の「ビークルロボティックス研究所」では、無人で動くトラクターの開発に成功している。

こうした動きはもちろん日本に限ったことではない。アメリカではすでに伝統ある農機具メーカーであるジョン・ディア社などが、トラクターの自動運転を実現し、GPS（全地球測位システム）を搭載したドローンによる畑の状況調査も行われている。こうした農業の要となるGPSについては、2015年、オーストラリアで、日立造船、ヤンマー、日立製作所が日本版GPSを使って行う全自動農作業の実証実験を実施した。無人トラクターの走行位置の誤差はわずか5センチメートル以内という精度の高さだ。アメリカの衛星に依存していた既存のGPSでは、日本の山間部でうまく電波を受信できないことがあった。しかし、三菱電機が製造した準天頂衛星「みちびき」を頼る日本版GPSがあれば、今後の農業利用に可能性が広がる。

こうした農作業の無人化の動きは「持続可能な農業（サスティナブル・アグリカルチャー）の視点からも注目に値する。持続可能な農業とは、環境や安全に配慮しつつ、環境破壊、食料問題、食の安全性の問題といった様々な問題を、将来にわたり農業を持続していくための考え方や技術によって解決していく農業を指す。農作業の無人化は生産者不足の解消につながり、開発途上国においてはそれが食料問題の解決にもつながる可能性を秘めている。

店で収穫したレタスをその場でサラダに!? 「店産店消」の時代は現実になるか？

地元で生産し地元で消費する「地産地消」（24ページ）から派生した考え方であるが、ここ数年の新しいキーワードとして「店産店消」が徐々にではあるが、広まりつつある。飲食店の店内に小型の植物工場を併設し、そこで収穫した野菜を食材として利用するという動きである。大手の三菱化学をはじめ、現在では多くの企業が店舗併設型の植物工場を製造・販売している。店内でレタスやベビーリーフなどが育つ姿は、ユニークで癒し効果もあり、その新鮮な野菜を食べられる楽しさも客にうけている。

店舗併設型の植物工場は、気象、土壌などの環境を問わず設置ができ、水耕栽培のため、連作障害や土壌汚染の心配もなく、天候に左右されない安定した収穫が見込める。農薬を使わない安全性をアピールできるほか、食材の輸送にかかっていたコストやエネルギー消費を抑えることで環境負荷を示す数値である「フードマイレージ」（166ページ）を縮減する効果がある。また、野菜の包装材が不要になるので、廃棄物の削減にもつながる。店産店消はまさに、究極のエコ・モデルなのだ。ただ、現段階では一般普及にはまだまだハードルが高いといえる。

まず、仕方がないことではあるが、飲食店にとっては初期導入の費用が高い。小型のものでも数百万円程度はかかり、一部屋を使う中規模程度のものになると、1000万円を超える。そこで、リース契約での導入を提示している企業もある。また、こうした小型の植物工場の収穫量では、食材の供給がタイミングよく追いつかないという現実もある。ある企業の製品では、店産店消に適した20立方メートル規模のもので、毎日4キログラム程度のベビーリーフの収穫ができる。しかしその量のレタスを普通に仕入れることを考えれば、コスト面でなかなか釣り合いが取れない現状だ。

まだまだ店のブランディングの一環であったり、顧客へのPRの側面が強い店舗併設型の植物工場。とはいえ、その芽を摘んでしまうのでは夢がない。たとえば土地つきの飲食店では、店舗内の植物工場に加えて、敷地内に畑を設けて種々の野菜を育てている店舗もある。また、小型植物工場を設置する側にも、飲食店の店内といわず、ビル内の一画にある程度の規模の植物工場を設置し、店まで3分の場所で野菜を収穫できるような展開を構想している企業もある。今はすでに、店産店消の時代まであと一歩という時代なのだ。

「オーナー制」「トラスト制」「市民農園」「農業体験農園」……ニーズに合わせて農業を体験

農業に興味があり、自分でも何かつくってみたい。そんな人にお勧めなのが、農業体験だ。初心者でも気軽に参加できるものから、より本格的に農作物を生産してみたい人まで、様々なニーズに応える農業体験がある。多様なサービスは、明確にカテゴライズできるわけではないが、ここでは大きく「オーナー制」「トラスト制」「市民農園」「農業体験農園」に分けてみてみよう。

オーナー制――気軽に農作業に参加

たとえば、1区画（100平方メートル）3万円といった具合に、田畑の1区画に年会費を払ってオーナーになり、農作業に参加できる制度。普段の田畑の管理は地元の農家や農園の所有者など、経験者が行ってくれる。オーナーになると、田植えや収穫など、そのときどきに田畑へ出向いて、経験者とともに農作業やイベントに参加する。資材や道具なども不要な場合が多く、気軽に農作業を体験してみたい人にはお勧めだ。特典として、米

60キロといったように、収穫物を手に入れることができる。

トラスト制――農作業に参加しなくてもＯＫ！

遠方に住んでいるなどの理由で、農作業に参加できない人、農業や農園の様子に興味がある人、お気に入りの農園を支援したい人、田畑の保全を支援したい人などが、年会費を払って参加する。オーナー制と同じく、特典として収穫物を受け取る。主催者によっては、ニュースレターで四季折々の田畑の様子について報告したり、イベントに招待したりといった特色あるサービスを行っているので確認してみよう。オーナー制が農作業を行ってみたい人向けであるのに対して、トラスト制は農作業には参加しないが、何らかのかたちで農業に関わってみたい人を対象にした制度である。

市民農園――自分で管理する家庭菜園

農業従事者ではない人が、レクリエーションとして小さな区画の農地を利用し、家庭菜園を行う。「レジャー農園」「貸し農園」「シェア農園」などとも呼ばれる。1万円ほどの年会費で、15～30平方メートルほどの区画を借りる。近年、日本で流行し、数が増えているが、ヨーロッパでは古くからある。休日に近郊の農園に出かける「日帰り型」と、遠方まで出かける「滞在型」がある。自治体、農協、企業、個人など、様々な主体によって開設されている。オーナー制とは違い、経験者による栽培指導や道具の貸し出しなどはないのが一般的。小面積の農地を利用し、野菜や花を育てる。手づくりの野菜や花を栽培してみたい、子どもたちに農業を体験させたい、高齢者の生きがいとしてなど、参加の理由も様々だ。

農業体験農園――本格的な指導を受けられる

より本格的に農業に挑戦し、ノウハウを身につけてみたいという人に向く。

全国農業体験農園協会によると、農業体験農園とは「農作物を直接、1年を通して全量買ってもらう契約栽培」をいい、家庭菜園を目的とする市民農園とは違う。入園者は自身や家族が園主とともに栽培した野菜を、必要なときに必要な分だけ直接畑まで来て収穫することができる。

市民農園の主体は、自治体や農協、個人などで、農地を提供するだけに留まっているが、農業体験農園の主体は農家などの農業経営者であることが一般的だ。農業体験農園の場合、あくまで農家の農業経営に、非農業従事者が参加するという消費者参加型である。先進的な農業経営、入園者の満足と農業理解の醸成、農業後継者の確保などの理由で、自ら経営する農業に門戸を開いている。

市民農園では、素人が知識をもたずに農作物を栽培することで、病害虫の発生や連作障害などの問題が発生するケースが起こり得る。隣区画とのトラブル解消や耕作放棄など、様々な問題も起こる。一方で、農業体験農園は、これらの問題が起きにくい農業体験の優良モデルとして全国に広まりつつある。

農業体験農園にはほかにもメリットがある。農家による本格的な栽培指導を受けられること、都市住民と農業者の交流・理解が深まること。また、農家の方針によっては、収穫祭や料理教室、視察研修など様々なイベントが行われること。農家側としても、年契約によって市場価格に左右されない安定した収入が得られると同時に、農作業の負担も軽減される。さらに農家が直接管理経営するため、行政の負担も軽減される。

こうした農業体験農園事業は、都市農業にしかできない機能と役割を発揮した先進的な農業経営類型として、日本農業賞大賞を受賞している。一般財団法人都市農地活用支援センターでは、農業生産者団体等が行う会合で、農業体験農園の説明や開設を考えている農業者に対する現地指導を行っており、数が増えてきている。

市民農園の開設主体

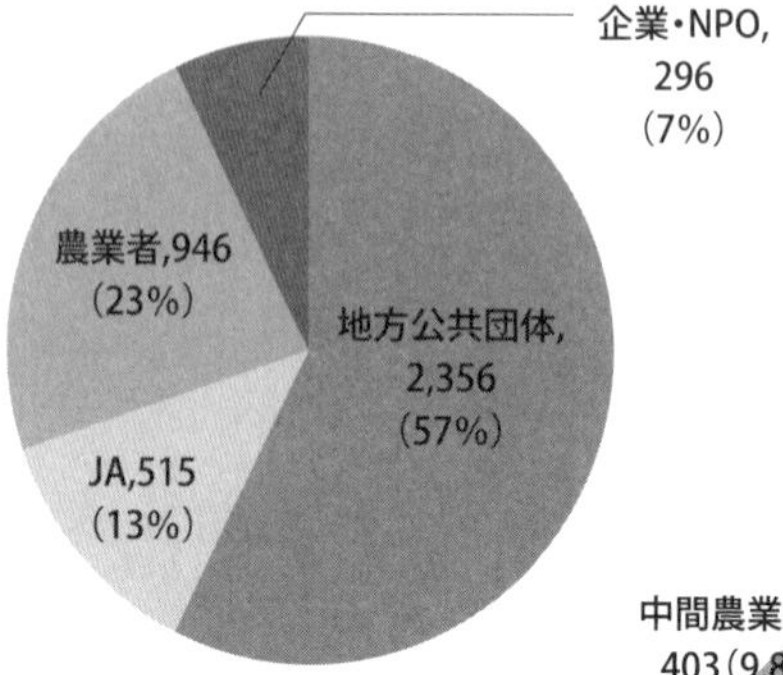

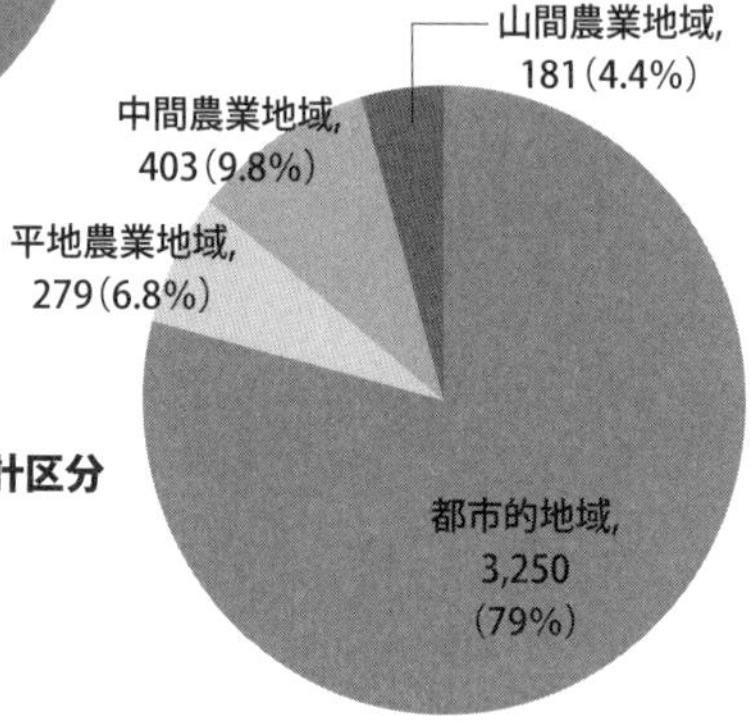

市民農園の地域累計区分

市民農園数の推移

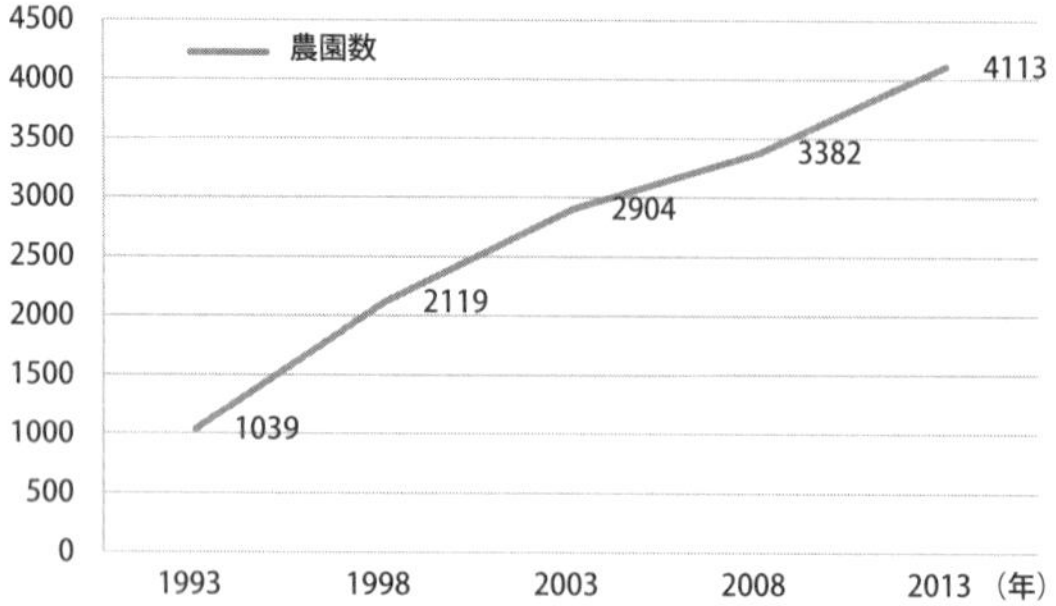

(参考:農林水産省)

欧州が火つけ役の「グリーン・ツーリズム」は日本ではあまり定着していない

「アグリ・ツーリズム」という用語がある。日本では一般に「グリーン・ツーリズム」とも呼ばれ、農山漁村地域において自然、文化、人々との交流を楽しむ西欧型の余暇の過ごし方のことで、主に1990年代に盛んに行われた。英語では「ルーラル・ツーリズム」、フランス語では「ツーリズム・ベール（緑の旅行）」と呼ばれることもある。

滞在の期間は、日帰り、長期にわたる場合、定期的あるいは反復的な宿泊・滞在をともなう場合まで様々だ。日帰りのプランは、農産物直売所で地元農産物を購入したり、ぶどう狩りや芋掘りといった観光農園を利用したり、そば打ちやわら工芸を体験したりするなど、遠足気分で体験できる。宿泊・滞在型のプランは、農産物加工や農作業体験、農村生活など、ある程度の時間をかけなければ体験できないような作業を行ったりもする。

農林水産省は、1992年、1996年度までに全国205カ所をモデル地区に指定し、グリーン・ツーリズムの振興をはかった。「ファストフード」という考えに対して、土地の食材や食文化を見直す**「スローフード」**やスローフードを生活に取り入れ、地産地消や歩行型生活を目指す**「スローライフ」**という用語が流行語となったこともあり、グリーン・ツーリズムは、日本でも浸透していくと思われた。ところがうまくいかなかった。

原因の一つは、**長期休暇をとりやすい欧米諸国とは違い、西欧風のグリーン・ツーリズムの普及が、日本ではむずかしい**ことである。欧米諸国では、長期休暇を利用して、都市から離れた農村に長期滞在してのんびりすることが可能であり、歴史的に習慣として根づいている。しかし、都市と農村の距離が比較的近い日本の場合、日帰りや短期で農村にステイする場合が多い。また、長期休暇が取りにくいので、日帰りや短期滞在のほうが人気があり、それらを「日本型グリーン・ツーリズム」と表現することもある。

日本では農家側の受け入れ体制にも、簡単にはいかない事情がある。農業経営は男性、家事や農作業以外の仕事は女性というように、分業が成り立っている場合が多い欧州に対し、日本では男女ともに農外就業に占める時間が多く、分業が成り立ちにくい。そのため、農業とグリーン・ツーリズムの運営を一農家内で完結することがむずかしい。たとえば、農作業の繁忙期には一家で作業にあたるため、ツーリストに対応できない。また、旅先では特別な食事をすることが多いツーリストのニーズに応えることもむずかしい。また、石造りの欧州の家屋とは違い、木造の日本家屋はプライベートを守りにくく、ツーリストを泊められる構造になっていないといった問題もある。

就農者の未婚化・晩婚化を解消 畑での婚活イベントが人気に

農地で種まきや作物の収穫をしながらの合コン。自然の中で土に戯れながらのそんな合コンが、最近、盛況らしい。実際に、想像してみれば、農作業は恋愛を育む絶好のコミュニケーションツールとなりそうだ。作業を通じて物理的にふたりの距離を縮め、いつか美味しい農作物を収穫するという同じ目標に向かって共同作業を行い、自然な会話がはずむなかからは豊かな表情がたくさんこぼれるだろう。

レンタルファーム「つくしんぼ」は、農業体験を通じた婚活イベントをプロデュースしている。参加者の多くは、くわを持ったことのない農業初心者たち。ベテラン指導員の丁寧な指導を受け、2人1組になって、野菜の種まきや苗の植え付け、収穫体験を行う。

農作業を楽しんだあとは、つくしんぼ農園にあるオリジナル石窯でピザ焼きを体験。用意された生地に、好きな具をのせて〝アツアツ〟で食べる。通常の合コンや婚活パーティーと違って一緒に作業を行うので、相手の人柄もよくわかると参加者からは好評だ。

日本全国で地方自治体が主催する農業婚活パーティーも活況だが、こうした流れを汲んで、地方創生や町おこしのために、東京からバスを走らせて地方に出かける婚活ツアーもある。

たとえば、農業に興味がある女性や農業を営む男性との出会いを求める女性と、農業従事者など地方在住の男性との出会いをセッティングするバスツアーでは、女性の参加費が８０００〜９０００円、男性の参加費が1万５０００円。参加者条件があり、女性は「農業に興味のある人」で、男性は「農業に従事する人」「安定した収入をお持ちの人」となっている。

同ツアーは、イベントも盛りだくさんだ。空中庭園を臨む名店でのランチを終えたあと、交流タイムや現地農業についての説明を聞き、その後、水耕トマトのもぎ取り体験を行う。もぎ取ったトマトは、お土産として持ち帰ることができる。こうしてみると、女性にとってはたとえ婚活がうまくいかなくても、グルメあり、旬野菜のもぎ取り体験ありで楽しめる。

こうした畑での婚活が人気を博している理由に「プチ非日常感」が挙げられる。日ごろの仕事を忘れて、自然に囲まれながらゆったりとした気分で出会う相手とはカップル成就率も高いのだ。自然の恵みを堪能しながらの婚活ツアー。興味がある人は、ぜひ一度、参加してみてはどうだろう？　意外な〝収穫〟があるかもしれない。

田畑でひときわスタイリッシュに！ 進化する「農ファッション」

最近では、これまでの農家の女性のイメージとは違う、お化粧をして、お洒落なファッションに身を包んだ「農業女子」の台頭が著しい。「内からの美しさ」ブームを反映し、女性誌を開けば、ロハスやスムージーなど、農産物にも結びつく「きれいなイメージ」のキーワードが散りばめられている。

そのようなトレンドを反映し、農林水産省が勧める「農業女子プロジェクト」を筆頭に、華やかなイメージの農業女子たちがメディアに取り上げられる機会が増えている。「農ガール」とも呼ばれる農業女子たちの多くは、服が汚れる機会が少ない都会の日常と変わらないファッションを楽しんでいる。

そんな彼女たちの御用達ブランドの筆頭が「A-rue」だ。代表の藤井優子さんは、文化服装学院を卒業後、アパレル会社を経て、フランスやアジア諸国など13カ国を放浪し、帰国後の1999年、同ブランドを立ち上げた。2010年には、日本製にこだわるロハス／農ファッション部門をスタート。遊びに来た農家の奥さんの「こんなのあったらいいな

A-rueのコーディネートがイチゴ農園（つづく農園）で映える。アイテムはA-rueのウェブサイト（http://a-rue.jp）からも購入できる

あ」に動かされ、アトリエの布で縫いはじめたのがはじまりだという。これまでの農作業服のイメージを一新し、動物や花をあしらったアームカバー、若者受けするデザイン性と実用性を兼ね備えたワークパンツ等のアイテムを数多く販売して人気だ。2013〜2015年にはグッドデザインアワードを受賞した。

また、アウトドアメーカー「モンベル」が、農作業・林業・漁業といった第一次産業を支える人向けに開発した「フィールドウェアシリーズ」も人気だ。雨天時に活躍するレインウェアは、普段使いも可能で、デザイン・機能性ともにすぐれている。「日本野鳥の会」がつくるバードウォッチング用の長靴なども使いやすいと人気である。

守っていきたい共同体としての農村の文化

耕作放棄地の増加、空き家の増加、限界集落の増加などで、日本の農村は危機的状況にある。「農村」という用語の明確な定義はないが、一般的に農林業的な土地利用が大きな割合を占め、人口密度が低く、農林業を通じた豊かな二次的自然環境および土地、水といった公共的資源を有している地域を指す。

かつて農業用の機械がなかった頃、人々は集落をつくり、共同で農作業をする必要があった。ゆえに、農村では農業生産と農村住民の生活が同一の空間を複合的に利用して営まれ、生産基盤と生活環境基盤が相互に関連しあって機能していた。こうした農村のもつ共同体機能には、相互の助け合いや里地や里山の環境保全、景観維持、文化や伝統の保存などがあるが、これをどう維持していくかは大きな課題である。

しかし、現状は山間部にある農村ほど少子高齢化が進み、若い女性が農家の男性との結婚に消極的などの理由で、一向に人口が増えない傾向にある。結婚対策に熱心な市町村は未婚者数をよく把握しており、農村では男性の比率が多く、農村そのものが結婚障壁として大きく立ちはだかっているケースが目立つ。

また、少子高齢化の影響で農地を耕せなくなった高齢者が、自らの判断で田畑を放棄したり、引っ越すケースも。山間地へ行くほど、放棄地や空き家の数は増えている。

TPP合意後の農業振興対策と密接に関係しながら、政府の唱える地方創生を進める大きな柱の一つに、農業・農村の振興がある。IターンやUターン後の住まいや仕事を自治体が斡旋する場合も増えているが、想像したのと現実ではギャップが大きかったと都会に戻ってくることも少なくなく、農村への移住計画はなかなか進まないのが現状だ。

そんななか、都会に住むアーティストやミュージシャンと共同で、農村に若者を呼び込もうとする様々な活動が行われている。代表的なのが、新潟県の妻有地域で3年に一度行われる「大地の芸術祭　越後妻有トリエンナーレ」。ほかにも、愛知県豊田市で行われる農村舞台アートプロジェクトや小豆島・肥土山《ひとやま》音楽祭などが挙げられる。アーティストやダンサー、ミュージシャンが地元の人たちと協力して、村おこし目的でイベントを思い思いに立ち上げている。

豊かな農村地帯で育まれてきた文化は、今や貴重になりつつある。無計画な都市化を進めて、これまで長年継承してきた景観やライフスタイルを崩すのではなく、どうしたら美しい農村が残るのか、アイデアを絞り出して向き合う人は確実に増えている。

第五章
今後ますます期待される、世界における日本の農業

国防と食料「食料安全保障」はもう一つの大切な安全保障

2015年、安全保障関連法案が閣議決定された。日本を取り巻く安全保障環境が一変し厳しさを増したためという説明である。

この法案についての賛否は様々だが、私たちが生命を脅かされずに暮らすうえで、国防とは違ったもう一つの安全保障が存在するのをご存じだろうか。いわゆる「食料安全保障」である。食料・農業・農村基本法第2条で「食料は、人間の生命の維持に欠くことができないものであり、かつ、健康で充実した生活の基礎として重要なものであることにかんがみ、将来にわたって、良質な食料が合理的な価格で安定的に供給されなければならない」と謳われている。

食料自給率が低い日本では、国内外の様々な要因によって食料供給の混乱が起き、食料危機に陥る可能性がある。

たとえば、ほとんどを輸入に頼っている小麦や大豆、トウモロコシは世界中で消費されているが、生産国で干ばつなど不作が続くと、輸出分を国内消費に切り替える可能性がある。それにより、国際価格が急騰したり、輸出にストップがかかるかもしれない。

そういった予測不能な事態でも、国民への食料供給が影響を受けずに済むよう、供給の安定確保の対策や対応策の発動手順について準備しておくのが国の責務である。食料供給の確保には、〝平時の食料の安定供給〟と〝不測時の食料安全保障〟が必要だ。

過去の事例としては、1993年に起きた国内の冷害による米の凶作で、タイやアメリカなどから255万トンの米を緊急輸入した「平成の米騒動」がある。米の輸入を認めていなかった日本にとっては大きな決断で、これにより、米の輸入自由化が促され、食糧管理制度（51ページ）は終わることとなった。

ほかにもアメリカの大豆不作による輸出規制措置、中国の穀物不作による輸出停止、天災やアメリカの港湾労働者ストライキなどによる輸送障害で、食料供給の確保が難しくなった事例がある。それぞれ、輸出規制措置国へ輸出促進を要請したり、国によって計画的に備蓄されていた飼料穀物の貸付を行うことで対応してきた。

食料の確保を阻む要因として、天災のほかに、生産国政府の政策、砂漠化の進行、食料価格の高騰、慢性的貧困、武力紛争、などが挙げられる。食料安全保障は不安定な国際社会において国を守る要だといえる。

中国の〝爆食〟など、新興国では食料消費が急増中

中国やインドなどの新興国で、食料消費が急増している。なかでも〝爆食〟と表現される中国の消費拡大は著しい。

13億人あまりの人口を抱える中国の食料消費は、経済成長による所得水準の向上にともない、需要が国内生産を上回るようになった。そのため食料の輸入が急増している。

経済成長によってもたらされるのは、国民の生活水準の上昇による食生活のレベルアップだ。生活にゆとりができた都市部に住む中間層の間では肉類や乳製品に対する消費が増大している。現在、世界の豚の約半数が中国で飼育されているのも道理なわけだ。

肉類や乳製品の消費に比例して、家畜の飼料として使われる穀物の消費量も増えてきている。２００５年の穀物需要量は、１９７０年と比べるとほぼ2倍、飼料としての穀物消費量は9倍になっている。また、食用油の消費も拡大している。国際貿易における大豆輸入の80パーセントは中国向けのものだ。

中国政府は、これまで穀物増産を強力に推し進める一方で、大豆生産に関しては事実上

無視してきた。その結果、西半球の農業が大きく変化することとなった。アメリカでは今では大豆の作付面積が小麦の作付面積を上回っている。ブラジルでは、大豆の作付面積が他のどの品目よりも上回っている。アルゼンチンにいたっては、すべての品目の作付面積を合わせた2倍近くを大豆が占めている。

世界人口の急増で、今後、食料問題はさらに深刻になると予想される。現在、国境を越えた大規模な農業投資が進んでいるのはそのためだ。

食料確保のために、投資先である開発途上国で土地を所有したり、借り入れたりして、多くのケースでは数十年という長期貸借契約を結ぶ。中国は、ラオス、モザンビーク、ミャンマーなどで、米や大豆、トウモロコシなどの穀物を生産し、輸入することを計画している。インドも、マダガスカルやエチオピアで、米、砂糖、茶などを生産している。モザンビーク、スーダン、ラオス、ミャンマー、キューバ、ウクライナなどの諸国はこうした農業投資を歓迎している。

とはいえ、耕地面積には限界があるため、外国企業による大規模な農業投資は、限りある土地を現地の人々から奪いかねないという問題がある。収穫物が現地向けに供給されなくなれば、より深刻な食料不足を招く原因にもなる。

TPP大筋合意で、今後どうなる日本の農業?

アジア太平洋地域における経済連携協定であり、物やサービスの貿易自由化を進めるための関税撤廃、知的財産、国有企業の扱い、投資、サービス事業の自由化、政府の物品・サービスの調達など、21にわたる分野で経済ルールの統一を目指して協議が行われてきた「TPP(環太平洋パートナーシップ協定)」交渉が、2015年10月に大筋合意された。参加各国内での了承を得る手続きを経て、早ければ2017年に発効することになる。

2010年3月に8カ国で交渉を開始したTPPに日本が正式に参加したのは2013年7月のこと。とりわけ、農産物の関税撤廃、知的財産権、国営企業の3分野では、アメリカをはじめとする各国の思惑が複雑にぶつかった。交渉開始から5年以上の歳月をかけて、難航の末に決着をみたかたちである。

大筋合意の時点では、アメリカ、シンガポール、ニュージーランド、ブルネイ、チリ、オーストラリア、ペルー、マレーシア、ベトナム、メキシコ、カナダ、日本の12カ国が参加している。

重要5品目の主な合意事項

品目名	事業内容
米	1kgあたり341円の高関税を維持。輸入義務枠年77万トンに加え、米国・豪州に無関税輸入枠を新設（米国は5万トンから段階的に引き上げ、13年目以降は7万トン）
牛肉	関税を現行の38.5%から27.5%に。段階的に引き下げ、16年目以降は9%
豚肉	高級品・低価格品とも関税引き下げ。高級品は現行の4.3%から段階的に下げ、10年目以降はゼロに。低価格品の関税1kgあたり最大482円も10年目以降は50円に
乳製品	国による貿易制度や高関税を維持。ニュージーランドなど参加国向けにバターと脱脂粉乳の低関税輸入枠を設ける
小麦	製粉会社に販売する際の上乗せ金1kgあたり約17円を9年目までに45%削減。米国11万4000トンの輸入枠を7年目に15万トンに拡大。豪州、カナダの輸入枠も拡大
砂糖	基本的な制度を維持し、関税と内外価格差を埋める調整金を減らす

TPPであらゆる規制が緩和され貿易が盛んになることは、一見いいことのようだが、そう単純な話ではない。日本が得意とする製造業では輸出の拡大が期待できるし、企業内貿易の活発化や輸入食材に頼る外食産業などにはメリットがありそうな一方で、様々なデメリットもあり、日本では特に農業へのダメージが懸念されている。

今回の大筋合意では日本が関税をかけている輸入品（農林水産物と工業製品）全9018品目のうち、8575品目の関税が即時撤廃となる。**撤廃こそ免れたが、税率の引き下げや輸入枠の拡大によって、重要5品目に指定されていた米、麦、牛・豚肉、乳製品、砂糖も、自由化の波にさらされる。**

米で説明するならば、高関税や減反で価

格の安定をはかってきた日本の農業政策は、生産性の低い農家を保護してきたが、競争力のある農家を育てることができなかった。今後は安い輸入農産物に価格競争で負けて、淘汰される農家も出てくるだろう。実際、TPPによって実質GDPが3兆2000億円増加する一方で、農水産物の生産額は3兆円減少するという政府の試算も出ており、農業従事者にとっては厳しい先行きとなりそうだ。

また食料自給率を維持・向上することは日本の食の安全保障にとって重要だが、TPPの影響でますます海外への依存が高まる可能性も出てくる。海外に食料を依存すれば、グローバルレベルでみて、経済力の劣る貧困国地域での食材調達がうまくいかなくなり、世界規模ではさらなる飢餓や食料不足を招くことになるかもしれない。

では、TPP参加でデメリットのほうが大きくみえる日本の農業に、チャンスはないのだろうか?

国は現在、農地集約、農産物を生産後加工・販売まで行う農業の「六次産業化」、輸出促進などの対策を進めている。「安さ」で勝負ができなければ、品質での「付加価値」が重要になってくる。自由競争に負けないためには、経営の大規模化や企業参入、農産物のブランド化、海外市場の開拓といった「攻めの農業」への転換が急がれる。こうした動きのなかから、日本の農業に新しい成長の芽が生まれる可能性があるだろう。

TPPは、FTAやEPAとはどう違う？ほかにもいろいろある経済協定

国家間の経済関係の強化を目指す協定はTPPだけではない。FTA（自由貿易協定、Free Trade Agreement）は、国家間でモノやサービスの貿易に関わる関税や障壁の撤廃を目指す協定であり、EPA（経済連携協定、Economic Partnership Agreement）は貿易自由化に加えて、人の移動、投資、知的財産など、幅広い分野をルール化する協定だ。

そもそも、世界の貿易のルールを取り決め、加盟国間の紛争を解決する国際機関には、ジュネーブに本部を置くWTO（世界貿易機関）があり、160以上の国や地域が参加している。ただ、WTOでは、すべての加盟国に対して同じ関税を適用する決まりがあるため、各国の利害が絡み合う交渉には時間がかかる。そこで、交渉のスピードが速く、深い関係を築きやすいFTAやEPAが意味をもつ。

TPPは、もともとニュージーランド、チリ、シンガポール、ブルネイの4カ国で2006年に発効したFTAで、「例外なき関税撤廃」を原則に、10年以内にすべての品目での関税撤廃を目指し、それに他国が次々と参加した〝メガFTA〟となったものである。

貿易が自由化しても大丈夫？
輸入農産物の安全性を守るために

ＴＰＰによるデメリットとして、「食の安全性の確保」についての懸念がある。なぜか？　ＴＰＰでは、今後、参加国が共通ルールを定めるなかで、今まで国によってまちまちだった個別措置についての議論が行われる。その際、**日本の食に対する高い安全基準は自由な貿易を妨げる「非関税障壁」と見なされ、アメリカなどが規制緩和を求めてくる可能性が否定できない**。かつて、遺伝子組み換え表示義務やＢＳＥ（狂牛病）対策をめぐっても、そうした要求があったからだ。具体的にはどんなことが起こり得るのか。

まずはポストハーベスト農薬（残留農薬）の問題がある。アメリカはかねてより、国ごとで異なる安全基準が貿易の障壁となる場合、その慣行を撤廃するという目標を掲げている。日本はポストハーベスト農薬を食品添加物として分類し、食品表示法による告知を求めているが、このことがアメリカの農産物を購入する妨げになるので、食品添加物扱いをやめるよう要求している。また、日本は農薬の残留基準値についても、独自の厳しい基準をもっているが、アメリカはＷＴＯで国際基準と位置づけているコーデックスの基準を採用するように求めている。

本来、輸入国は自国民の健康や生命を守るために、輸入食品や植物への付着・残留物の基準を設定し、制限することができる（SPS措置）。しかし、SPS措置を国内産業の保護の口実に乱用することは、不当な非関税障壁とみなされる。SPS協定は、WTO加盟国において科学的根拠なしにコーデックスに則らないSPS措置を行うことを認めない。したがって、SPS措置で輸入食品の安全性は保たれるという向きもあるが、措置の実施にはリスクを科学的に証明する姿勢が求められるだろう。

ポストハーベスト農薬への適用にとどまらず、日本は食品添加物の認可について厳しい基準を持っており、アメリカで認められ、日本で認められていない添加物を使用した加工食品の輸入は禁止されている。そうした指定添加物は2000品目以上あり、アメリカとしては認可を進めさせたい思惑がある。ほかにも、遺伝子組み換え表示は、バイオテクノロジーを含む科学技術に影響を与える障壁とされる可能性がある。また検査システムの問題もある。輸入が増え、マンパワーの確保がうまくいかない場合、エラーにより安全基準を満たさない輸入食品が入ってくることも懸念される。食品衛生法の違反事例件数は中国がもっとも多く、次いでアメリカ。TPP参加国ではベトナムやオーストラリアの違反も多い。今後、日本の食の安全を守る攻防が激しさを増すだろう。

日本の農業活性化のカギ農産物輸出の時代を目指すには？

日本の農業を活性化していくために、農産物の市場（販売先）を海外に求めていく動きが進みつつある。とりわけ中国やインドなど、食糧消費量が増加しているアジア市場へ向けて、農産物だけでなくその加工品（食品）や、農業機械、農業技術のノウハウなど様々な商品やサービスを輸出しようとしている。

２００９年で３４０兆円だった世界の食の市場は、２０２０年には６８０兆円に倍増するといわれている。特に、中国・インドを含むアジア市場は、82兆円規模から２２９兆円へと、約3倍に拡大する見込みだ。２０１４年に日本が輸出した農林水産物と食品は、計６１１７億円と過去最高額になった。２００５年では約２１６８億円だったので、10年で3倍近く増えたことになる。

これまでは、開発途上国を多く含むアジア地域において、日本の農産物は高価というイメージが強かった。しかし、中国やインドなどの急成長国で富裕層が増えたことにより、今まで敬遠されてきた安全で高品質な日本の農産物や加工品が受け入れられるようになった。それを受け、現在では、アジアの富裕層に向けた食品と農産物の輸出が拡大している。

ＮＥＣソリューションイノベータは、遠隔地農業指導を可能にする管理システムを開発し、インドで高価格帯のイチゴ栽培を行う日本企業のプロジェクトに導入した。このシステムでは、クラウドサーバーを通じて、日本から遠隔監視し、インドにある複数のハウスに適切なアドバイスを送ることができる。こうして、国境を越えて、日本の高付加価値の農作物の栽培支援を実現することが可能となった。インドのムンバイで行われたクールジャパンイベントでは、このイチゴを使ったスムージーが飛ぶように売れた。日本の貨幣価値に換算すると、1杯1500円以上もする高級品である。

また、農業協同組合や酒造会社、米の卸売業者など68の会社や団体が参加する全日本コメ・コメ関連食品輸出促進協議会は、米やパックご飯、米菓、日本酒の輸出を増やす方法を模索している。オールジャパンのブランド育成、海外市場を分析するデータベースの構築・提供を検討し、日本産米および日本産関連食品の普及を狙う。

ＮＰＯ法人日本食レストラン海外普及推進機構では、日本食の海外ネットワークを確立し、日本食への理解を深め、実需者と食材供給者を結びつけて輸出促進を図るべく、普及啓発や教育研修、メニュー提案などに取り組んでいる。

グローバルに農業を展開する企業が増えている理由

日本の食と農の関連産業・企業は、生産と販売の拠点を海外へシフトしつつあり、一部では農場を海外に開設している企業もある。

たとえば、アサヒビールは伊藤忠商事・住友化学と合併会社を設立し、中国の山東省でイチゴや野菜の栽培を行っている。

水不足や気象条件などで食料自給率の上がらない国に対して、日本の高度な農業技術を提供しているケースもある。三菱化学はコンテナ型の植物工場をカタールに輸出し、ロシアへの輸出にも成功。三菱樹脂は、太陽光利用型の植物工場を中国で試験展開している。日本の農業機械や農業施設も中国や東南アジアで人気だ。日本国内の販路に伸びしろがないこともあり、農業機械や農業関連施設（プラント）などの海外での生産と販売に力を注いでいる。

また、日本の農家や企業がもつ技術やノウハウを海外で教え、その知財で収入を得るコンサルティング・ビジネスもグローバルに展開している。日本工営は、新興国の自立を重視し、ワークショップを通じて、農産物の生産指導、水管理、出荷・販売などに関する技術移転に力を入れている。

「メイド・イン・ジャパン」から「メイド・バイ・ジャパン」へ――近年は、そうした動きが加速している。急速な成長が見込まれる世界の食市場を取り込んで、生産、製造・加工、流通、販売の各段階で、付加価値を加えながらグローバルに展開していこうとする動きを「グローバル・フードバリューチェーン」という。

日本の食産業の海外展開と新興国の経済成長の実現を図るため、高品質・健康・安全といった日本の「強み」を活かしたフードバリューチェーンの構築を進めていくことは、官民一体となった重要な課題だ。

農林水産省は、「グローバル・フードバリューチェーン推進官民協議会」を設置。産官学で国際競争を勝ち抜こうとしている。

たとえば、ハラール（イスラム法で食べることを許されている食材や料理）食品を軸にしたフードバリューチェーンや、アフリカ開発会議と民間の連携により農業生産の拡大などを目指すアフリカを舞台にしたフードバリューチェーンの構築はその事例である。フードバリューチェーン構築のため、特に中小企業からの発案による事業化調査の実施を支援している。

第2次安倍内閣の成長戦略の柱「農業経済特区」の試み

新潟市は、2014年5月、安倍政権の国家戦略特区の第一弾となる6地域の一つとして、**「農業特区」**の指定を受けた。

国家戦略特区とは、特定の地域や分野を限定して規制緩和や税制措置などを行い、企業の投資や人材を呼び込み、地域経済の活性化を目指す政策だ。ほかに「国際ビジネス・イノベーションの拠点」として東京圏、「医療などイノベーション拠点・チャレンジ人材支援の拠点」として関西圏、「中山間地農業の拠点」として兵庫県養父市、「創業のための雇用改革拠点」として福岡県福岡市が特区に指定されている。

「大規模農業の改革拠点」に指定された新潟市は、農地集約や企業の参入を進めるとともに、農業の生産から出荷・加工、販売までを手がける六次産業化をおし進める。

その一環として、食と農の先進国であるオランダを手本とし、「ニューフードバレー」構想を推進。オランダにはフードバレーと呼ばれる農と食のクラスターが存在し、産学官が連携し農業において成功している。

今後、新潟市は、「生産・加工・販売」を一体的にとらえ、新潟を世界に開かれた流通拠点としての食料輸出入基地とし、世界の「農業・食品産業」の最先端都市にすることを目指す。

これにともない、コンビニエンスストアの大手、ローソンは、新潟市に特例農業法人「ローソンファーム」を設立した。ローソンファームは全国で23カ所目になるが、特区の規制緩和を活用した特例農業法人設立は初めてだ。初年度は5ヘクタールで稲作栽培するが、将来的には100ヘクタール規模への拡大を目指す。

農業法人は、農業従事者が役員の過半数を占めることが要件になっているが、特区ではこれが1人に緩和される。ローソンという売り先が確保されていることで、農地を計画的に広げていくことも可能である。

ほかにも、クボタが「新潟クボタ」を設立し、市内の耕作放棄地で小麦栽培をはじめるなど、新しいビジネスが次々と産声を上げている。

これまで農業基本法により規制されてきた新規参入が、より実行しやすくなる「農業経済特区」。大手のみが得をするという批判もあるようだが、その行き先は果たして？

教育に農業を「農業小学校」の取り組み

子どもたちにとって農業が身近な存在になるように、農業が盛んな地域では「農業小学校」の試みが実施されている。地方自治体や農協、生協などが主催し、農業体験を通じて子どもたちの健全育成を目的としている。5000円前後の参加費を払い、年間を通して、土曜日などに活動を行うことが多い。

農業小学校は、子どもたちがたくましさとやさしさを兼ね備えた精神力・創造力、いわゆる「生きる力」を身につけることを願い、総合的・自主的な体験活動をする場である。年配の農家の先生と学年の違う子どもたちとが触れ合いながら活動することで協調性が育まれ、地域の文化に親しみ、地域での連帯感も生まれる。そして、こうした活動は地域の活性化にもつながっていく。

ある農業小学校の授業は、小学生と家族が参加するかたちで、4月から翌年1月までの間、毎月2回開催されている。

春はジャガイモの植え付けやトウモロコシの種まき、みそ仕込み、夏はそれらの収穫とソバの種まき、伝統行事にも参加する。秋になると、ハクサイやダイコンなど秋野菜の種まきと稲刈り、稲やソバの脱穀作業を行う。冬はソバ打ち体験や餅つき、収穫祭を体験する。こうした年間を通した農業体験は、子どもたちの成長において、様々なメリットがあると考えられている。

また、近年では小学校教育の現場でも、積極的に農業体験活動が取り入れられはじめている。

福島県喜多方市では２００７年度から「喜多方市農業教育特区」として年間45時間の授業数を確保し、３つの小学校で全国初の「小学校農業科」をスタートさせた。２０１１年には市内すべての小学校で農業科を実施。喜多方市はもともと農業が盛んで、米、アスパラガス、ソバなどの産地であり、小学校農業科ではプロの農業科支援員が教師と連携しながら、様々な農産物を育てている。

また、２０１１年から実施されている「新学習指導要領」に「食育の推進」(※)が位置づけられたことから、全国的に学校の敷地内に田畑をつくったり、近隣の農家と提携するなどして、農業体験活動の試みが普及してきている。

(※)国民一人ひとりが、健全な食生活の実現や食文化の継承、健康の確保ができるよう、自らの食について考え、学習を通して正しい知識を身につける取り組み

日本の農業を陰で支えている外国人研修生

少子高齢化により、農業においても外国人労働者の雇用が増加してきている。日本における外国人労働者は、2005年に約61万人にはすでに達しているが、これは全体の労働者人口の1・2パーセントに相当する。

新興国の人づくりに協力するため、日本には外国人向けの研修・技能実習制度が創設されている。農業においても、毎年多くの研修生が来日しては、母国で役立つ技術を学んでいる。この制度に基づき来日した研修生は、企業や農協等の団体が受け入れ、最長で1年間の研修を受ける。所定の技能評価試験による研修成果の評価をはじめとする要件を満たせば、技能実習生としてさらに最長2年間の技能実習を積むことができる。技能実習の対象は全体で62職種114作業にのぼり、農業関係では耕種農業（施設園芸の畑作・野菜）と畜産農業（養豚、養鶏、酪農）の2職種5作業が対象となっている。

農業分野の外国人研修生は、2011年には2000年の4・9倍の9814人となっているが、一方で、こうした日本の外国人研修制度は「人身売買」であるとして、海外か

農業分野の研修・技能実習生

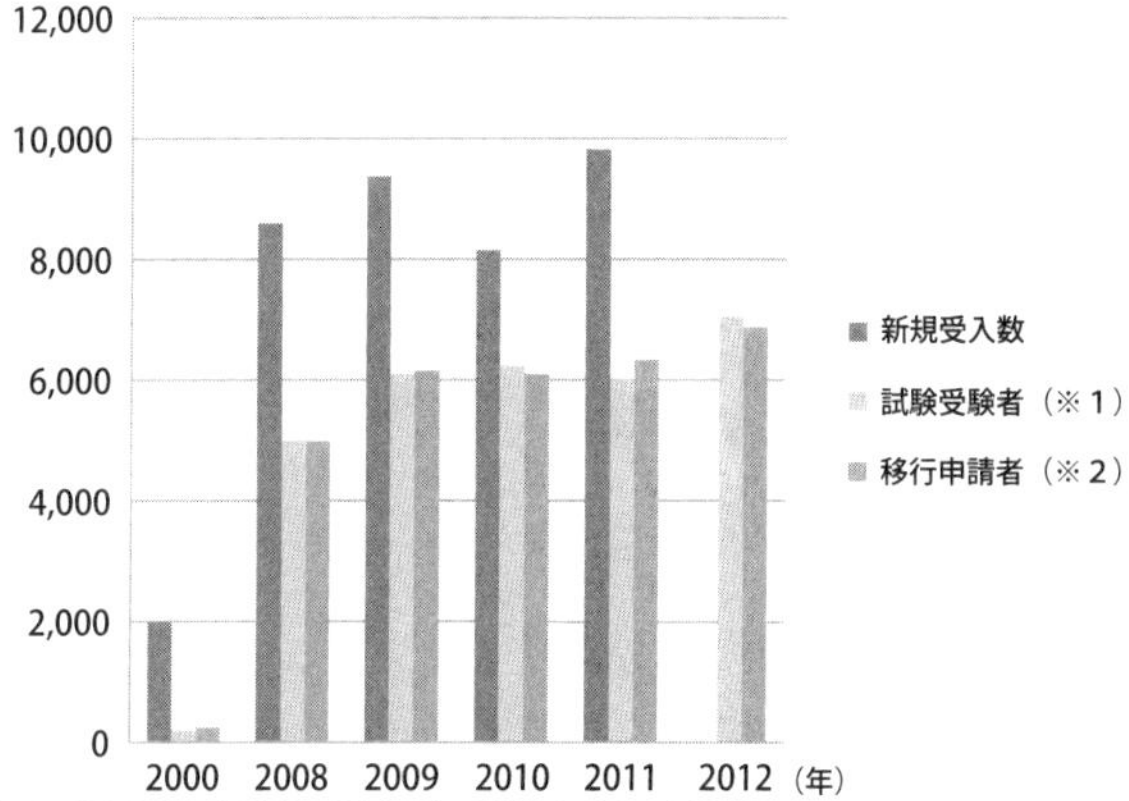

（※１）全国農業会議所が実施する技能実習生の技能評価試験の受験者数
（※２）技能実習生は２年目以降「技能実習１号」から「技能実習２号」へと移行する。その申請者数
（参考：農林水産省）

ら厳しい批判を受けている。研修とは名ばかりで、実際は人手不足を埋めるための「安い労働力」として扱われ、そのうちの79パーセントは労働法違反で、残業代も休暇もなく働かされて劣悪な環境で暮らしているという報告もある。アメリカ国務省は、「2013年度人身売買報告」の中で、日本の外国人技能実習制度を「搾取的」と批判した。

とはいえ、農村地区では担い手の高齢化により、人手不足が深刻化しており、正当な賃金を払いたくても払えない現状がある。農家のニーズに応えた新たな雇用制度をつくり、研修制度を悪用しないようにするなど農業構造改革と農家の意識改革が急がれる。

「フードマイレージ」に「バーチャルウォーター」
食料を供給するためにかかる環境負荷

グローバル規模で地球全体の食をまかうことが課題になっていくなかで、今後無視できないのが、食料の輸送と貿易にともなって憂慮される環境問題だろう。

日本は高度経済成長の1960年代以降、国内の道路交通網が発展し、食料の輸送が容易になった。また、海外からの食料の輸入も増えた。遠い土地で生産された食料が簡単に手に入るようになったことで、私たちの食生活は多様になった。

その一方で、食料輸送時に排出される二酸化炭素や二酸化窒素といった温暖化ガス、大気汚染物質が、環境に悪い影響を与える原因となっている。

イギリスの消費運動家ティム・ラングが提唱した「フードマイルズ」は、食品の生産地から食卓までの距離が短いものを食べたほうが環境への負荷が少ないという理論である。そこから派生した「輸送距離×重さ」の数値化である「フードマイレージ」は、食料の輸送と貿易が環境へ与える負荷の大きさを知る一つの指標となる。この指標は、環境問題への配慮のみならず、「地産地消」の奨励、食料自給率の回復という点でも参考になる。

北陸農政局の2008年の報告によると、国民1人あたりのフードマイレージは日本がいちばん大きく、イギリスの約2倍、フランスやドイツの3倍、アメリカの約7倍にあたる。先進諸国のなかでも、日本の食料事情がいかに輸入頼りであるかを表している。

また「バーチャルウォーター」という指標もある。食料や工業製品の輸入国が、仮にその食料や製品を国内で生産した場合に必要とする水の量を算出したものだ。

たとえば1キログラムの牛肉を生産するには2万リットルの水を必要とする。これを基準にするとハンバーガーに使われる牛肉は999リットル、牛丼なら1889リットルの水を消費していることになる。他に、白米1キログラムの生産には約3600リットル、大豆2500リットル、小麦2000リットルの水が必要となる。

国土交通省によると、2005年に海外から日本に輸入されたバーチャルウォーターは約640億立方メートル。

これは日本国内で1年間に使用する生活用水、工業用水、農業用水を合わせた総取得水量とほぼ同じである。バーチャルウォーターの大半は食料生産によるものだというから、私たちの食料輸入は海外の水資源に大きく依存しているといえる。今、世界中で深刻になっている水不足も遠い世界のことではないのである。

日本の農業で国際協力
地球規模で食の拡充を目指す時代へ向けて

ＦＡＯ（国連食糧農業機関）によると、開発途上国の栄養不足人口は８億５２００万人と見込まれ、特にアフリカでは総人口の35パーセントもの人が栄養不足に苦しんでいる。一方で、先進諸国では肥満といった食に関する生活習慣病を罹患する人は10億人に上るといわれ、日本に暮らしていると食料は不足するどころか余っているという錯覚に陥る。しかしこの考えは改める必要がある。私たちは食料を海外に依存している以上、世界的な食料不足の影響を受ける可能性があるからだ（１４６ページ）。

今、国際社会には飢餓にあえぐ人たちに安定的に食料を供給する課題（食料安全保障）に加え、バイオ燃料に使用する穀物需要の拡大に備えるなど、新たな食料供給上の課題がある。しかしながら、世界的には耕地面積や穀物収穫面積はほとんど増えておらず、穀物の収量は伸び悩みの傾向にあるのが現状だ。

農業の発展でもたらされる貧困削減の効果は、農業以外の産業がもたらす成長の２倍以上に達するという。国際協力機構（ＪＩＣＡ）は、途上国での農業・農村開発に協力することで、食料供給の安定、農村貧困の削減、それらを通じた国や地域の経済発展を目指し、エチオピア、ケニアなどのサハラ以南アフリカ諸国、ミャンマー、ネパールなどのアジア諸国で実績を上げてきた。

食料増産が急務とされているアフリカでは、米の消費量が増えており、持続的に生産を増加することも期待できることから、2008年に「アフリカ稲作振興のための共同体」（CARD）を立ち上げ、10年間で米の生産量を1400万トンから2800万トンにする目標を掲げている。

こうした途上国の開発については、今まで政府主導の国際貢献という枠組みでとらえられがちだったが、ビジネスの視点でも大きな可能性を秘めている。実際、農業技術や土壌など農業資源の改善、植物工場、バイオテクノロジーなどの分野で、途上国に進出する企業が増えてきている。

たとえば、インドでビニールハウスのイチゴ栽培をはじめたNECは、現地のレストランでイチゴを売ることにより新たな雇用も生み出している。同時に、ITを使った教育システムなどにNEC製品を普及させることを目指し、農業にとどまらない企業利益に結びつけている（157ページ）。日本の農業の高水準な技術や知財が収益を生み、世界の食料危機を救う未来に期待したい。

世界の人口を支えていくために

1970年には約37億人だった世界の人口は増え続け、2012年には70億人を突破、2050年には約96億人に達すると予測されている。そこで心配なのが食料問題だ。2050年までに、世界全体で約70パーセント、開発途上地域では約100パーセント近くもの食料生産の増産が必要になると見込まれているからだ。

1940～60年代にかけて進められた、稲・小麦、トウモロコシなどの多収量品種の開発と開発途上国における農業技術の革新――いわゆる「緑の革命」の成果で、アジアの穀物生産量は1960年からの40年で3倍にも増えた。それにより70億人もの生存を支えることができるようになったといわれる。近年では、灌漑用地下水の水位低下や、肥料・農薬の影響による土地の劣化が世界の農地面積の約25パーセントにおいて進行している。加えて、世界の総農地面積は数十年にわたってほぼ横ばいであり、今後も増える見込みは薄い。今ある限られた農地で生産性を上げていくことが課題であり、土地・水の管理、土地利用権利へのアクセス改善（土地をフル活用）、農業知識・技術の交流や支援、適切な市場への参入などを、適切にアレンジしていくことが重要となる。

世界の農地面積と人工の推移

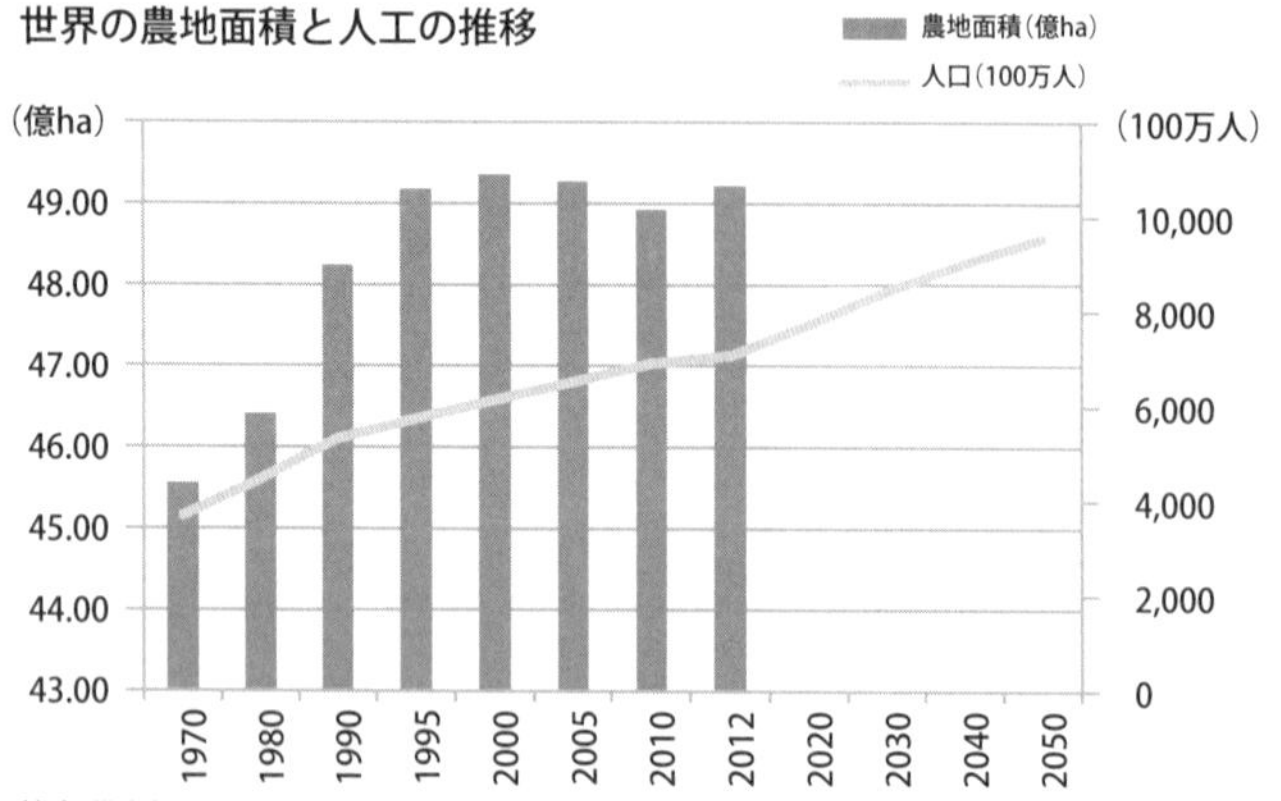

（参考：総務省統計局、FAOSTAT）

第六章
農業を仕事にする

高齢化している？ 40歳未満で就農を目指す人が増えているらしい

農業といえば、就農人口が減少し、就農者が高齢化しているという印象をもたれがちだが、実は40歳未満の新規参入者に限っては、ここ数年で急増している。

2013年の新規就農者数は5万810人。そのうち、将来の担い手と期待される40歳未満の新規就農者は1万3000人程度だが、2年間で倍近くに増えている。

こうした若者の農業への関心の高まりに応えるため、農林水産省では新規就農相談会「新・農業人フェア」を開催。2014年度の来場者数は8188人で、そのうち20代から40代の若い世代が約6割を占めた。

理由として、いくつかある。

東日本大震災以降、仕事中心の都会的な暮らしから、ライフワークバランスを考えて地方へ移住する人が増えたこと、同じく地震発生以降、食の安全を考え、農業自体に関心をもつようになった人が多々いること、規制緩和によって企業参入がたやすくなり、比較的安定した収入が保証されていることで他業界からの転職の間口が広いこと、ＩＴ化や機械化が進み、かつての重労働・長時間労働のイメージが払拭されつつあること、六次産業化や農業特区など成長を期待できる制度が続々と生まれていること、企画や販促などといったクリエイティブな仕事をすることが可能になったことなどがあげられる。

また、初心者でも大歓迎という昨今のムーブメントは、他業界から転職を考える人にも魅力的にみえ、食料不足といわれる時代において、急成長していく市場であることも人気の一端を担っている。

「農林水産業・地域の活力創造プラン」では、10年後の2025年までに40代以下の農業従事者を40万人にまで拡大することを目標としている。こうした新規参入者向けに、「農地の確保」「資金の確保」「技術の習得」をサポートする制度が整ってきている。

研修施設で必要な知識と技術を学ぶために、原則として45歳未満で就農する人に対し、最長2年間、年間150万円が給付される青年就農給付金（準備型）、経営が不安定な就農直後の所得確保を支援するため、原則として45歳未満で独立・自営就農する人に対して、最長5年間、年間最大150万円が給付される青年就農給付金（経営開始型）がそれだ。

女性の就農も農林水産省が応援 〝農業女子〟が売上げを伸ばす

ロハスブームやエコブームを経て、**自分で野菜をつくりたいといった若い女性が、農業体験ワークショップに参加することが増えてきた**。もはや農業は「トレンド」といえる。

現在、日本の女性農業者の数は約130万人。実に就農者全体の半数を女性が占めている。女性が経営参画している農家の売上げや収益は向上する傾向にあり、六次産業化の担い手としても期待されている。近年は加工品の開発や野菜カフェなど、アイデアを活かした営農を展開する女性も目立ってきた。

農林水産省では、女性農業者がもつ様々な知恵を、食卓を超えて社会に届けるために2013年11月に「農業女子プロジェクト」を起ち上げた。プロジェクトは農業女子がもつ生産力・知恵力・市場力の三つの力を発揮し、様々な業種とコラボレーションを進めていく。参加するメンバーの顔ぶれは、経営者、農家のお嫁さん、農場長など様々。プロジェクトの趣旨に賛同する企業と女性農業者が共同で個別プロジェクトを進め、1年を目処に、新たな商品やサービスを生み出すのが狙いだ。

「ノギャルプロジェクト」のメンバーたち。活躍がメディアにも取り上げられている。

女性誌で、活躍しているモデルを中心に構成される「ノギャルプロジェクト」は、シブヤ米づくりやギャルママ限定の野菜収穫ツアー、ジーンズメーカーとのイケてる作業服開発などを実施。若者が食や農業に興味をもつきっかけをつくると農林水産省も熱い視線を送っている。

農林水産省補助事業「女性農業次世代リーダー育成塾」に参加する選抜された受講生が手がける「輝く農女新聞」も注目だ。全国各地で活躍するメンバーのインタビューなどを発信。「女性」と「農業」のイメージを近づけながら、ネットを通じて横のつながりを広げている。美容やマルシェなど、女性ならではの視点で記事が構成されているところがおもしろい。

農業を仕事にしたい 一体どうすればいいの？

まったくの初心者だけれど農業を仕事にしたい。しかし、何からはじめたらよいのかわからない。ここでは、そうした人たちのために、大まかな流れを説明していく。

農業を仕事にするための基本的な流れは、次のとおりである。

①情報収集（184ページ）
↓
②農業技術を習得する（186ページ）
↓
③資金や土地を調達し、農業をはじめる（188ページ）

自分の就農イメージを具体化するために、まず必要なのは、情報収集や相談のために、適切な人に会うことだ。「全国新規就農相談センター」では、インターネットや相談窓口を通じて、農地、資金、技術習得等の就農に関する情報や求人情報など、新規就農に関する総合的な支援情報を提供している。

また、就農したい地域がすでに決まっているなら、各地域の「就農支援窓口」に相談してみるのもよい。各地域の農政局のウェブサイトで情報を確認できる。

まだイメージが定まらず、できるだけいろいろな地域や団体の人から直接話を聞きたい場合は、「新・農業人フェア」へ行ってみると効率がよい。

また、まずは農業を体験してみたいという場合は、全国の農業法人等が実施している就農体験（インターンシップ）に参加してみよう。

ある程度の情報が集まったら、次は実践的な技術を身につけるために、道府県立の「農業大学校」や民間の教育機関、セミナーなどに通う。ほかには、農家や農業法人等で研修生を受け入れているケースがあるので、そうしたところで技術を習得する。

農業を習得したら、いよいよ就農活動である。農業法人などに就職するケースと、独立就農するケースがある。就職する場合は「全国新規就農相談センター」やハローワーク、就農フェア、インターネットの求人サイトなどを利用する。独立就農する場合は、営農計画を作成し、それに見合った資金、農地、住宅、資材などを調達することになる。

就農するにはどのくらいの資金が必要？

就農するには、既存の農業法人に就職するという手もあるが、それ以外の場合、自分で土地を借りたり、農具や機械を揃えたりしなければならない。どんな業種でもそうだが、自分で経営するとなると、開始資金と運転資金、さらに収入が得られるようになるまでの生活資金が必要となる。

新規で就農する人が就農時に自己資金として用意した金額の全国平均は830万円だが、実際に必要なる金額は、そのほぼ倍の1620万円といわれている。

自己資金は、たとえば1年分の生活費とランニングコストにあてる500万円、プラス設備投資コスト300万円として、最低でも計800万円は必要だ。

農業で食べていけるようになるには、3年かかるといわれているため、できれば最初の2年間は自己資金でやっていけるように2000万円くらいの準備があると安心である。公的機関にいくと1000万円の準備金が必要といわれることもあるようだが、いずれにしても、いちばんかかるのは野菜や穀物ができるまでの生活費だ。

必要となる資金は、大きく分けると四つある。

①就農のための研修期間中の生活費や、運転免許などの資格取得、専門書の購入資金といった「研修のための資金」②農地の購入・貸借、施設整備、機械購入等の設備投資のための資金など「初期投資のための資金」③種苗や肥料・農薬・資材の代金などの生産活動に必要な「運転資金」、そして、④農業経営費とは別に、家族が生活していくために必要な「生活資金」だ。

また、必要資金額は栽培する作物や土地の面積、購入する機械によっても違うため、「どこで、何を、どのくらいの規模で行うか」を明確にすることが大切だ。既存の農家や新規就農相談センターとよく相談して、営農計画を立てる必要がある。

以前は農地の確保が困難だったが、後継者の少ない地域では、広い土地が余っている。耕作放棄されている農地などを安く借りることができるかもしれない。中古農機具を使うなどして、初期の出費を抑えることも可能だ。

しかしながら、特に若い人にとっては、こういった巨額の資金を調達することは困難だ。そこで現在、国は「青年就農給付金」を設け、研修で最長2年、就農してから5年、すべてあわせると、最長7年間にわたり、年間150万円の給付を受けることができる。就農初期の不安定な状態を乗り切るために、非常に有効な制度だ。

実際のところ農業で稼ぐことはできるの？

どんな業種でも同じだが、農業で稼げる人と稼げない人がいる。ただし、就農者の半数は、現状で「食べていけている」ことを考えると、自立して稼ぐ可能性が高い職種であるといえるかもしれない。とはいえ、もちろん楽観してよい世界ではない。

2010年の農林水産省の調査では、稲作農家の時給は、米価の暴落が原因で、マイナス468円の赤字に転落したと報告している。食生活の多様化や、少子高齢化で、米の消費量が減っている現状もあり、米で稼ぐことが難しくなっている。ではどうするか？

まず、農業で儲ける基本的なコツは、労働力・時間の面で無駄をなくし、省エネを心がけ、リスク回避のために数種類の作物を育てることだろう。

たとえば、雑草が芽を出した時点で、ガスバーナーで焼くなどして、草が生えないようにしてしまえば、草刈りにかかる時間を5分の1に短縮できる。収穫までのあらゆる作業でこうした工夫を重ねることで、時間の無駄が減るだけではなく、労働力も減らすことができ、人件費の削減につながる。

また、たった二人で年収2000万円を売り上げているある農家では、1ヘクタールの山間部の土地で、ホウレンソウ、ミズナ、コマツナなど常時3～5品目をつくっている。多くの作物を育てることで、一つが病気になってもほかの作物でカバーでき、生産高において決定的なダメージを回避することができる。

また近年では、独自のブランディングなどで、付加価値のある農産物を生産し、収益を上げているケースも多い。そうした就農者のなかには、農協に入らない人も増えている。

生産物の流通の利便性やその他のサービスを考えると、就農者は農協の会員になるのが一般的である。生産物を一定の価格ですべて買い取ってくれ、苗や種、肥料や農薬などもすべて農協から買うことができるからだ。しかし、こうした農協の機能の反面で競争力のある農家が育ちにくいという現実もある。たとえば、農協を頼って農産物を流通させた場合、自分の生産した農産物が実際にいくらで消費者に売られたかを知ることはむずかしい。農産物を自分が納得する価格で売りたいと考えている就農者にとって、これはデメリットである。有機生産農家や独自のブランディングで高品質な農産物をつくる農家などの中には、農協を離れ、自らの判断で価格を決め、直販で市場に送ったほうが有利なケースもある。品質が消費者に評価されれば、高級デパートなどでも売れるようになり、高い利益を生み出すことができるからだ。

米？ 野菜？ 果実？ 新規就農者にとってはじめやすいのは？

農業をはじめるといっても、米、野菜、果実、何をつくるのがベストなのか、新規就農者は悩むところだ。初期投資にかかる金額や、育てやすさなどについて知る必要がある。

初期投資については、一般に、野菜よりも米のほうが高くつく。専業で稲作を行う場合、最低でも20ヘクタールの水田が必要といわれ、その賃借料に少なくとも年間20万円の出費は覚悟しなければならない。

その点、野菜の露地栽培なら3ヘクタールくらいからはじめることができる。ただし、露地栽培ではなく、施設栽培などを行う場合、5ヘクタールほどの土地であっても、初期投資が100万円以上はかかる。

また、稲作の場合は専用の農機も揃えなくてはならない。通常の野菜づくりにも使用するトラクターやトラックに加えて、田植え機や稲刈り用のコンバイン、収穫時に必要な乾燥機やもみすり機など、稲作用の農機は割高で、それぞれ数百万円もする。そう考えると新規就農者にとっては、露地での野菜栽培がはじめやすいといえそうだ。では、何をつくるか？

野菜をつくる場合、技術面で考えるなら、初心者はトマトや果実など、甘みが重要視される農産物は避けるほうが無難である。トマトやナスといった野菜は、果実が曲がったり、実がならなかったりといった奇形果が発生しやすく、熟練していなければ、安定した収穫を得るのが難しいからだ。その代わり、こうした作目は熟練すれば、高付加価値なものを生産し収益を上げることが可能になる。

一方で、キャベツやレタス、コマツナなど葉菜類やダイコンやタマネギといった一部の根菜類は、比較的初心者でも育てやすいといわれている。

また、販売先のことも考えておく必要がある。インターネットマーケティングなど、もともと流通マーケティングに詳しい人を除けば、農協のある地域で就農するのが、やはりお勧めだろう。収穫した野菜を全量買い取ってくれ、販売してくれるため、納品するだけで済むからだ。

そのほか、既存の農家でアドバイザー的な役割を担ってくれる人がいるかどうかも重要なポイントだ。はじめは小規模な土地で、極力初期投資費用を抑えながら、育てやすい野菜から育て、経験を積みながら新たな種類に挑戦していくのがよさそうだ。

就農のための情報収集はどうする？ あのリクルートもフェアを開催

東日本大震災を機に、仕事中心の都会的な暮らし方を見直し、家族と一緒にいる時間を大切にしながら、自然のなかでのびのびと暮らしたいという若者のニーズが増えているという。今の20代は、幼稚園の頃からゴミ分別などに馴染み、エコ意識が高く、農業に対する心のハードルも30代40代よりも低い傾向があるという。

東北農政局が集計した２０１４年度の新規就農者の動向調査によると、**東北６県の就農者は１４１９人と、統計を取りはじめた１９９２年度以降では最多となった**。２０１３年度と比較しても、１１１人（８パーセント）増加。39歳以下の農業への新規参入者数の推計をみると、２００６年は７００人だったのに対し、２０１３年は１５００人と2倍以上にも増えている。個人や家族単位で農業を営む専業農家や兼業農家のほかに、規制緩和によって、大企業、ベンチャー企業にかかわらず、農業生産法人を立ち上げる動きが広がり、若年層が就農しやすくなっている。

こういった時流を汲み、人材紹介会社のリクルートは「新・農業人フェア」を開催して

求人を探すことができる窓口・フェア・ウェブサイト

名称	内容
全国新規就農相談センター（全国農業会議所）	新規就農に関する相談全般に対応し、47都道府県に相談センターが設置されている。農業法人などの求人情報の公開、インターンシップなど農業体験の募集、各都道府県で開催される就農相談会などのイベント情報の発信を行っている。サイト内の「あぐなび」で求人情報も閲覧できる http://www.nca.or.jp/Be-farmer/
新・農業人フェア	リクルートジョブズが主催・運営し、2014年度は8000人以上が来場し、今まで（全7回開催）1000を超える団体や企業が出展。日本で最大の就農フェア。「求人ブース」「就農支援・相談ブース」「生徒・研修生募集ブース」がある。入場無料 http://shin-nougyoujin.hatalike.jp/
Agric（アグリク）	2014年から開催している。先進農業法人だけの農業就職と転職フェア http://agric.konnect-afl.jp/
第一次産業ネット	農業、林業、漁業などの求人サイト。全国4000件以上の求人を掲載している。登録無料　http://www.sangyo.net/
農家のお仕事ナビ	求人情報や新規就農、農業への転職への情報が閲覧可能な農業求人サイト。登録無料。「あぐりーんキャリア」という転職支援サービスも運営している　http://www.agreen.jp/
あぐりナビドットコム	農業、酪農、畜産の求人を中心に正社員・アルバイトなどの情報を掲載。登録無料で、登録すると専任のアドバイザーに就農や転職の相談をすることもできる　https://www.agri-navi.com/

いる。２０１４年には１０４６の団体が全国から出店し、農業に興味がある８１８８人が参加した。「農業に興味はあるが、何からはじめればよいかわからない」など、就農に興味のある人たちが参加。全国各地の情報が集められ、農業経営者や自治体相談員など農業関係者の話を直接聞け相談できるとあって、異業種から転身を検討している人も多く訪れた。約８割が初来場者だ。

リクルートジョブズの調べによると、異業種から転身して農業をはじめた人の「就農した理由」は、農業ビジネスで成功したい、良いものをつくりたい、自然の中で働きたい、自分のペースで働きたいという四つに大きくわけられるそうだ。

農業を学び、技術を身につけるには?

農業を学びたい人や就農したい人が、農業の技術や経営を学ぶ学校がある。「農業大学校」は、農業経営の担い手を養成する中核的な機関で、全国42都道府県に設置されている「農業者研修教育施設」だ。学習課程は、高校卒業程度の学力を有する人を対象とした「養成課程」、農業大学校養成課程の卒業生や短大卒業者を対象にした「研究課程」、技術・知識の向上を目指す農業者や就農志望者を対象にした「研修課程」がある。

養成課程と研究課程では、それぞれ2年間、2400時間(80単位)以上学び、分野に応じた専門課程を修める。一方、研修課程の時間は1日から数週間程度と短い。こちらは、農業技術、農業機械操作、経営管理、農業体験など、各分野ごとのコースがある。近年では多くの農業大学校の養成課程が文部科学省所管の専修課程になっており、修了すると「専門士」の称号が授与され、4年生大学への編入が可能となる。

また、農業大学校以外にも、農業に関する研修を行う研修機関や専門学校などがある。就農志望者向けのものやスキルアップを目指す農業者を対象にしたものなど、理念や内容

農業の技術を習得する方法

専門機関で学ぶ	農業大学校	就農意欲のある高卒レベルの者が対象。講義と実習で、実践的に農業技術や知識を体得する。短期で履修できるカリキュラムを開設しているところもある
	就農準備校	就農希望者であれば誰でも対象となる。平日夜間や、週末、長期休暇の時期に開講する場合も多く、社会人でも通いやすい
	セミナー・講座	農林水産省や全国の地方自治体、農業関連企業などが開催し、内容も多岐にわたる。通信講座やe-ラーニングで受講できるものもある
農家で研修する	就農希望者を研修生として受け入れる農家で研修をする。すべての実務を経験できることがメリット。就農したい地域で研修を受ければ、地元のコミュニティーに参加するなどして、就農後の将来もスムーズになる	
農業法人に就職する	給与を得ながら、技術や経験を身につけることができる。独立を支援している農業法人もある。就農したいが資金も技術もない場合に向く方法。全国新規就農相談センターのウェブサイト（185ページ）などで求人を探す	

も様々だ。たとえば、株式会社マイファームが運営するアグリイノベーション大学校は、基本的な農業技術や経営の原理原則のほか、耕作放棄地を再生するという思いのもと、体験農園や小売店、流通事業や農場経営など、多岐にわたるアグリビジネスを学ぶことができる。また、日本農業経営大学校は、志の高い未来の農業経営者が集う全寮制の学校であり、２年間、少数精鋭の農業版ＭＢＡ的教育を集団生活を通じて、経営者に求められる自主性や自立性を養うことを目的とする。卒業生は、ほかのどの学校にも負けない全国的なネットワークを築くことができ、将来役に立つ知の引き出しを増やすこととなる。

資金と土地の調達はＪＡや自治体がバックアップ さあ、農業をはじめよう！

農業をはじめるために営農計画を立てれば、生産や販売の計画に基づいた資金の確保が必要となる。資金と同時に農地と住宅を確保し、必要な機械や資材を確保する。

資金については、農業をはじめるとき、農地や機械の賃借料、設備や資材など初期投資のための資金などが必要となり、最低でも約５００万円程度の自己資金が必要といわれる。しかし、民間の金融機関から融資を受ける壁は高い。そこで資金調達には、ＪＡの各種貸付や都道府県、市町村が利子補給して低金利で融資を受けられる「農業近代化資金」などを利用するのが一般的である。

また、若年層の就農支援として、利子を都道府県や市町村が負担し、無利子での貸付を行う日本政策金融公庫の「就農支援資金制度」を活用するのも手だ。借入限度額は３７００万円で、償還期限12年以内、据え置き期間5年以内、実質無担保・無保証人という好条件で借りることができる。

次に肝心な農地は、新規の農業参入者の場合、買うよりも借りるほうが一般的だ。買うにせよ、借りるにせよ、就農する市町村の農業委員会で「農地取得手続き」を行い、許可を得なければならない。農業委員会は、営農計画や資金調達計画をみて、許可・不許可の判断をする。

農地の確保においては、全国には耕作放棄地がたくさんあるが、土地に対する地権者の資産所有意識は高く、個人で直接貸借したり、売買することはむずかしい。農地は通常の不動産の購入や賃貸と違い、情報が得にくいという問題もある。

そんな状況でスムーズに土地を確保したければ、市町村の農業委員会や県農業公社が仲介を行っているので、相談してみよう。全国新規就農センターで情報が得られるほか、農業法人やＪＡで土地を紹介してもらえるケースもある。実状を知らないまま条件の悪い土地を紹介されてしまい、土づくりや基盤整備などで初期投資がかさみ、生産量が増えないなどの問題が、新規の農業参入者を悩ませることがままあるので慎重になりたいところである。

農業を成功させるためには、十分な準備と計画が必要だ。資金と土地の調達方法をよく吟味し、納得のいくスタートをきっていただきたい。

〈参考文献〉

『史上最強カラー図解　プロが教える農業のすべてがわかる本』八木宏典 監修、ナツメ社、２０１０年／『イラスト図解　農業のしくみ』有坪民雄 著、日本実業出版社、２００３年／『春夏の野菜　旬の食材』講談社編集、講談社、２００３年／『秋冬の野菜　旬の食材』講談社 編集、講談社、２００４年／『ＴＰＰで日本は世界一の農業大国になる』浅川芳裕 著、ベストセラーズ、２０１２年／『日本は世界5位の農業大国』浅川芳裕 著、講談社＋α新書、２０１０年／『高齢化社会における国産野菜の利用拡大方策　卸売市場業者を活用した間接取引の推進』藤島廣二、「野菜情報」２０１２年11月号

〈参考ウェブサイト〉

農林水産省／総務省／厚生労働省／外務省／財務省／国土交通省／首相官邸／内閣府食品安全委員会／国際連合食糧農業機関／北陸農政局／大阪府／京都府／香川県／岡山県／喜多方市／帯広市／佐渡市／全国新規就農相談センター／一般社団法人日本農林規格協会／独立行政法人国際協力機構／独立行政法人統計センター／公益社団法人とちぎ農産物マーケティング協会／公益社団法人京のふるさと産品協会／全国農業協同組合連合会／全国農業協同組合中央会／ＪＡ東京中央会／ＪＡきたみらい／ＪＡ大阪中央会／ＪＡ愛知中央会／ＪＡあいち海部／ＪＡあいち豊田／ＪＡタウン／スーパーマーケット統計調査／公益財団法人米穀安定供給確保支援機構／公益財団法人やまぐち農林振興公社／一般社団法人日本フランチャイズチェーン協会／一般社団法人日本施設園芸協会／輝く農女新聞（一般社団法人日本能率協会）／一般社団法人全日本コメ・コメ関連食品輸出促進協議会／日本農業経営大学校（一般社団法人アグリフューチャージャパン）／株式会社モスフードサービス／リンガーハットジャパン株式会社／株式会社鳥貴族／有限会社鉢の木／Ｍ＆Ｈ株式会社／ピュアネットジャパン株式会社／イオン株式会社／株式会社セブン＆アイ・ホールディングス／遠赤青汁株式会社／株式会社マイ

ファーム／カゴメ株式会社／キユーピー株式会社／株式会社ユニクロ／トヨタ自動車株式会社／株式会社NTTドコモ／ユーシーシー上島コーヒー株式会社／株式会社パソナ／東海旅客鉄道株式会社／西日本鉄道株式会社／株式会社東芝／住友化学株式会社／株式会社ローソン／株式会社サイゼリヤ／株式会社クボタ／ヤンマー株式会社／三菱電機株式会社／三菱化学株式会社／株式会社キーストーン／日本アドバンストアグリ株式会社／NECソリューションイノベータ株式会社／アサヒビール株式会社／三菱樹脂株式会社／オイシックス株式会社／ビークルロボティックス研究所（北海道大学）／株式会社GRA／植物工場ラボ（株式会社リバネス）／ノギャルPROJECT（Office G-Revo株式会社）／A-rue／株式会社モンベル／新・農業人フェア（株式会社リクルートジョブズ）／Agric（株式会社コネクト・アグリフード・ラインズ）／第一次産業ネット（株式会社Life Lab）／農家のお仕事ナビ（株式会社あぐりーん）／あぐりナビドットコム（株式会社あぐり・コミュニティ）／農園カフェ 農工房長者／全国農業体験農園協会／レンタルファーム「つくしんぼ」／NPO法人日本食レストラン海外普及推進機構／海外から伝来した野菜／日経テクノロジーオンライン／楽天市場／GLOBAL NOTE（グローバルノート株式会社）／株式会社My News Japan／NPO法人ネットワーク『地球村』／『有機農産物認証の現状と問題点』木村宏、北海道有機農業研究協議会（雪印種苗株式会社）／独立行政法人農畜産業振興機構（alic）／『【次代のマーケット展望】規模の経済×少子高齢化=小口・カット野菜普及のローソン戦略を考える』佐藤毅史（マイベストプロ埼玉）／『「食料自給率40％」は大嘘！ どうする農水省』鶴岡弘之（JB Press）／『TPP日米交渉、コメ輸入の政府保証が課題』2015年7月15日（日経新聞）／『耕作放棄地の再利用が進む』（NSKネット）／『新たな食料・農業・農村基本計画を閣議決定』2015年3月31日（農業協同組合新聞）／『きゅうりは1・6㎝曲がると廃棄?!』2010年6月4日（WEDGE Infinity）

監　修

板垣啓四郎（いたがき・けいしろう）

1955年、鹿児島県生まれ。博士（農業経済学）。1977年に東京農業大学卒業後、イギリス・レディング大学客員研究員、東京農業大学講師、助教授を経て、2000年に東京農業大学国際食料情報学部教授。2015年より東京農業大学第三高等学校ならびに東京農業大学第三高等学校附属中学校の学校長を兼任。主な研究テーマは、アジア諸国における農業・農村開発と国際協力、グローバル・フードバリューチェーン、わが国における食と農の政治・経済問題など。

※本書は書き下ろしオリジナルです。

じっぴコンパクト新書　276

JIPPI Compact

農家《のうか》と農業《のうぎょう》

お米《こめ》と野菜《やさい》の秘密《ひみつ》

2015年12月25日　初版第1刷発行

監　修……………板垣啓四郎
発行者……………増田義和
発行所……………実業之日本社
〒104-8233　東京都中央区京橋 3-7-5　京橋スクエア
電話（編集）03-3535-2393
　　（販売）03-3535-4441
http://www.j-n.co.jp/
印刷所……………大日本印刷株式会社
製本所……………株式会社ブックアート

ISBN978-4-408-11162-9（学芸）